영혼이
단단한 아이의 비밀

정서 지능

공부보다 중요한 정서 교육의 힘

영혼이
단단한 아이의 비밀

정서 지능

레이첼 카츠, 헬렌 슈웨 하다니 지음

정윤희 옮김

서 사 원

추천사

*

실제적이고, 명료하면서도 두 저자의 진심이 담긴 이 책은 지혜롭고 감수성
이 풍부한 육아를 위해 꼭 필요한 지침서다. 두 저자는 이 책에서 개인적인
이야기, 이해하기 쉬운 과학적 연구 결과, 현실적인 조언을 엮어 아이의 발달
을 이해하고 지원하는 방법을 안내한다. 우리에게 선물 같은 책이다!
- 오렌 제이 소퍼, 《마음챙김과 비폭력 대화》 저자

아이가 느끼는 것을 느끼고, 아이가 보는 것을 보자. 그러면 아이와의 일상적
상호작용에서 더 큰 행복을 느낄 것이다. 이 책은 마음챙김 육아에 관해 과
학적 증거를 기반으로 참 잘 쓰인 참신한 책이다. 만일 당신이 육아 스트레
스를 줄이고, '부모 되기'라는 이해하기 어려운 마법 같은 일에 다시 열정을
쏟고 싶다면, 당신에게 이 책을 선물하라!
- 캐시 허쉬-파섹 박사, 템플대학교 심리학과 교수, 브루킹스 연구소 수석연구원,
《최고의 교육》과 《아인슈타인 육아법》 공동 저자

유아 교육자이자 부모로서, 아이의 마음 이론 발달과 정서 발달을 깊이 이해
하고 있는 두 저자는 아이의 사회적·정서적 발달을 이해하고 돕기 위해 현
명하고 실제적이면서도 독특한 관점을 제시한다. 이 책은 아이에게 학교생
활과 그 이후 사회생활에서의 성공을 돕는 내면의 도구를 선물하고 싶은 부
모라면 누구나 반드시 읽어야 할 책이다.
- 캐린 플린, 베이 에어리어 디스커버리 박물관 전 CEO,
주간 뉴스레터 〈홀로스〉 창립자

세상에는 알아두면 좋은 정보와 꼭 알아야 할 정보가 있다. 이 책은 아이를 사회적·정서적으로 똑똑하게 키우는 방법을 안내하는 지침서로, 꼭 알아야 할 정보와 전략을 찾는 부모라면 반드시 읽어야 한다.

‒ 솔와지 새뮤얼 존슨, 마음챙김 교사이자 멘토

부모에게 어린 자녀가 세상을 탐색해나가는 모습을 지켜보는 일은 때론 당황스러우면서도 굉장히 즐거운 경험이다. ‘저 조그만 머릿속에서 무슨 일이 벌어지고 있는 거지? 왜 이렇게 행동하는 걸까? 어떻게 하면 내 아이가 잠재력을 최대한 발휘하도록 도울 수 있을까?’ 두 저자는 이 책을 통해 아이의 마음이 어떻게 발달하는지 보여주며, 사려 깊고, 배려할 줄 알며, 정서적으로 안정된 아이로 기르는 데 도움이 되는 육아 기술을 제시한다.

‒ 닐 아이즌버그 의학 박사, 시드니 키멜 의과 대학 소아과 명예교수

두 저자의 대단히 멋진 책,《영혼이 단단한 아이의 비밀 정서 지능》은 아이가 사회적 역학관계와 요동치는 자기감정을 탐색하는 과정에 도움을 주기 위해 고군분투하는 부모들에게 즉각적인 명료함과 평온함을 안겨줄 것이다. 독자들은 풍부한 지식과 노련한 기술을 겸비한 두 전문가와 함께 부모라면 누구나 직면하는 위기와 딜레마를 함께 헤쳐 나가는 듯한 느낌을 받게 될 것이다.

‒ 수잔 엥겔, 윌리엄스대학 심리학과 수석 강사이자 교육프로그램 책임자

이 책은 맨 첫 장부터 나를 사로잡았다! ‘아이의 정서 지능을 발달시키기 위해서는 아이의 행동을 발달적 관점에서 바라봐야 하며 아이의 요구에 충동적으로 반응하지 않고 잠시 멈췄다가 의도적으로 대응해야 한다.’ 두 저자는 깊이 있는 지혜와 통찰, 실제적인 예를 통해, 이 보편적 진리가 우리 모두에게 통한다는 사실을 보여준다. 내가 내 아이들을 키우던 시절에 이 책이 있었더라면 좋았을 텐데, 아쉽다.

‒ 게일 실버 법학 박사,《Anh's Anger》저자, 학교 마음챙김 프로젝트 사 설립자

✳

아이의 마음 이해하기

앤젤라의 엄마, 르네는 흐르는 눈물을 닦으며 코를 팽 풀었다.

"전 그저 앤젤라가 행복하길 바랄 뿐이에요. 그런데 앤젤라는 집에 돌아와서 종종 유치원에선 다른 여자애들이 같이 놀아주지 않아서 슬프다고 말해요. 제가 같이 놀 다른 친구를 찾아보라고 하면, 앤젤라는 저더러 바보라고 쏘아붙여요. 도대체 뭘 어떻게 해야 할지 모르겠어요."

르네는 네 살짜리 딸아이가 친구 하나 없는 외톨이라는 생각에 머릿속이 빙빙 돌았다. 딸아이한테서 이런 얘기를 듣는 것이 고통스러웠다.

션은 핸드폰을 들여다봤다. 새벽 4시 43분이었다.

"그냥 다시 잠이나 자자."

션은 혼잣말로 중얼거리며 다시 잠을 청했지만, 머릿속에서는 전날 토마스의 생일 파티에서 아들 애셔가 한 행동이 다시 재생되었다. 세 살인 애셔는 토마스가 파란 컵케이크 대신 노란 컵케이크를 주자, 모든 사람이 보는 앞에서 토마스를 밀어 넘어뜨렸다. 애셔는 왜 그런 짓을 했을까? 션은 애셔를 버릇없는 아이로 키웠다는 생각에 당황스러웠고, 애셔를 좀 더 엄격하게 대해야 하는 건 아닌지 생각했다.

제프리는 평소 아들 매튜의 행동이 굼떠서 속이 터진다.

"마고, 매튜는 당신이랑 당신 가족을 똑 닮았어. 당신하고 당신 가족은 다들 좀 공상적이잖아." 제프리가 아내에게 말했다. "매튜가 좀 더 빠릿빠릿하면 좋겠어. 매튜는 뭔가를 하려면 너무 오래 걸려."

제프리는 다른 아이들한테 자신의 여섯 살 난 아들과 같이 놀 인내심이 없을까 봐 걱정스러웠다.

이런 이야기를 들으면 남의 일 같지 않을 것이다. 당신만 그런 게 아니다. 대부분의 부모도 마찬가지다. 왜냐하면, 부모 대부분은 아이가 좋은 사람으로 자라서 자신은 물론 다른 사람을 친절하게 대하고 사랑하며 배려하길 바라기 때문이다. 아이를 좋은 사람으로 키우려면 아이가 사람들의 생각과 말, 행동을 사회적·정서적으로 잘 이해하도록 이끌어주어야 하는데, 이렇게 아이의 사회성과 정서 지능을 기르려면 시간과 노력이 필요하다.

부모는 아이의 사회성과 정서 지능의 발달을 돕기 위해, 아이가 생각, 감정, 믿음, 욕구와 같은 마음 상태에 관해 언제, 어떻게 생각하기 시작하는지와 사회성과 정서 지능의 씨앗이 뿌려지는 어린 시기에 아이의 행동에 관해 어떻게 명시적으로 이야기해줄지 잘 알아야 한다.

헬렌과 나(레이첼)는 당신이 아이를 키울 때 무엇을 걱정하는지 잘 알고 있다. 우리는 둘 다 부모이자, 출생부터 8세까지의 아이 교육을 연구하는 유아 교육 분야의 전문가로, 수십 년간 여러 유아와 그 가족들을 연구했다. 헬렌은 유아기 창의력 발달 분야의 전문성을 갖춘 아동 발달 연구원이며 나는 수년간 교사, 관리자, 어린이 미디어와 교육 관련 제품의 콘텐츠 제작자로 활동해온 유아 교육자다.

헬렌과 나는 베이 에어리어 디스커버리 박물관The Bay Area Discovery Museum, BADM의 유치원인 디스커버리 스쿨The Discovery School에서 만났다. 이곳에서 나는 유치원장이었고, 헬렌은 어린이 창의력 센터The Center for Childhood Creativity의 연구팀 책임자였다. 우리는 오랫동안 함께 아동 발달을 논의하고 이 과정에서 얻은 지식을 실제 교수법에 적용했다. 헬렌과 나는 아이들의 행동을 관찰하고 기록하는 과정에서, 아이들이 자신과 타인의 마음을 고려하도록 우리가 명시적으로 북돋워주면, 아이들은 자아를 더 잘 인식하고 충동을 더 잘 조절하며 타인의 관점에서 이해하는 조망 수용 기술을 더 성공적으로 사용할 수 있다는 걸 알게 되었다. 아이는 마음 이론 Theory of Mind, ToM의 발달 연속선을 따라 마음 상태에 관해 생각하는 능력을 발달시킨다. 우리가 이러한 마음 이론의 발달을 의도적으로 지원하자 아이들은 사람들이 종종 자기와 다른 믿음, 욕구, 의도를 가진다는 사실을 이해하고, 고려하며, 존중하게 되었다.

우리는 아이들의 사회적·정서적 기술을 발달시키기 위해 마음 이론에 관한 우리의 지식과 아동 발달 관련 연구를 교실 활동에 적용했다. 우리는 학생들이 자신의 마음 상태에 관해 잘 알기를 바랐다. 가령, 학생들이 자아 인식이 뭔지 이해하고, 자기 조절 방법을 배우며, 동시에 타인의 마음 상태도 고려할 수 있기를 원했다. 또 자기 행동을 타인과 관련해 생각하고, 서로 협동하며, 동정심을 기르길 바랐다.

헬렌과 나는 학교생활과 이후 사회생활에서 아이의 성공을 강력하게 뒷받침하는 사회적·정서적 기술이 뭔지 잘 알고 있으며, 아이들에게 배움이 일어나는 과정 또한 과학적으로 잘 설명할 수 있다. 우리는 이 기술을 베이 에어리어 디스커버리 박물관 유치원의 여러 원생과 그 가족들에게 적용하고 공유할 수 있었으며, 이제는 이 지식을 좀 더 많은 독자, 즉 당신과 같은 부모와 공유하고 싶다.

부모가 아이의 사회적·정서적 발달, 특히 마음 이론의 발달에 관해 아무것도 모르는 경우가 많다. 마음 이론은 학계에서는 활발히 연구되고 있지만, 실제 생활에서는 자주 논의되지 않고 있다. 우리는 이 연구를 실험실이나 유아 발달에 관한 학계 밖에 있는 부모들에게 알리고 싶었다. 부모가 아이의 사회적·정서적 발달에 관해 더 많이 알면, 아이의 초기 사회적 기술과 사고방식을 잘 발달시킬 수 있기 때문이다. 우리는 이 책에서 사회성과 정서 지능의 발달 과정에 관한 의미 있는 연구를 알기 쉽게 요약해서 제공할 것이며, 이 연구를 적용한 실질적인 육아 체계를 제시할 것이다.

육아서 읽기 vs. 실제 육아

육아, 육아서 읽기, 읽은 내용 실천하기 사이에는 균형이 필요하다. 우리가 만나는 대부분의 부모는 아이와 느긋하게 놀아주거나 육아서를 읽을 시간이 없다고 말한다. 그러다가 느긋하게 여유를 가지게 되면, 아이가 커가는 모습에 경이로움을 느끼기도 하지만 때로는 아이를 잘못된 방식으로 키우고 있다는 두려움과 마주하기도 한다.

유치원생 아이를 둔 엄마, 프랜은 자신의 육아 방식을 '기계적 육아'라고 불렀다. 예를 들어, 프랜의 평일 아침 일과는 매일 똑같다. 아침에 일어나 주방으로 가서 커피메이커를 켠 다음 아이들 방으로 향한다. 작은아이의 기저귀를 확인하고 큰아이에게 화장실에 가라고 말해준다. 두 아이가 옷 입고 양치하는 것을 도와준 후 다시 주방으로 가서 아침 식사를 준비하고 점심을 싼다. 프랜은 이 일과대로 진행되지 않는 상황에도 신속하게 대응할 수 있다.

언젠가 프랜이 느긋하게 아이들을 관찰하며 아이들의 관점에서 아이들이 무엇을 경험하고 있을지 상상하려고 노력한 적이 있었다. 이렇게 하니, 많은 것을 깨닫게 되었다. 프랜은 아이들 행동의 동기가 궁금해져서 시간을 내어 육아와 아동 발달에 관한 책과 블로그를 읽었다. 하지만 책과 블로그에서 새로 배운 것을 자신의 육아 일과에 어떻게 적용해야 할지 확신이 없었다. 그래도 책과 블로그에서 읽은 조언을 따르려고 최선을 다했다. 그 결과, 그 조언들이 효과가 있었던 적도 있긴 했지만, 대개는 효과가 없었다. 그럴 때면 프랜은 자신이 뭘 잘못하고 있는 건지 혼란스러웠으며, 자신의 육아 능력에 대해 깊은 의구심을 품게 되었다. 결국 육아서 읽기를 꺼리게 되고 다시 예전의 육아 방식으로 되돌아갔다. 시간이 좀 흘러 어떤 계기로 기계적 육아 모드에서 벗어나게 되면, 이 사이클이 다시 반복됐다. 잠시 멈춰 아이의 관점을 취하고, 아이가 하는 행동을 보며 기쁨을 느끼다가, 아동 발달에 관해 찾아 읽고, 또다시 혼란을 느꼈다. 이런 사이클에 갇힌 부모가 비단 프랜만은 아닐 것이다.

이 책이 다른 육아서와 다른 이유

아이를 키우다가 뭔가 확신이 서지 않으면, 흔히들 육아서를 찾는다. 당신과 아이 사이에 갈등이 있을 수도 있고 당신의 육아를 개선하길 원하거나 아이 발달에 뭔가 문제가 있다고 느낄 수도 있으며 혹은 이것들이 모두 다 해당할 수도 있다. 수많은 육아서가 당신의 고민을 금방 해결해줄 거라고 약속한다. 그러면서 일련의 간단한 단계만 따르면 반드시 변화가 찾아올 거라고 말한다. 이런 책들은 하나의 올바른 육아법이 있으며 당신이 이 단계를 따르지 않으면 아이를 제대로 키우고 있지 못한 거라고 넌지시 암시한다. 하지만 이런 책들이 미처 언급하지 못한 게 있는데, 그것은 바로 아이들은 각자 자신만의 방식으로 다 다른 시기에 발달하며 경험도 다 다르게 인식한다는 점이다. 이는 부모도 마찬가지다.

육아 문제에 쉽고 빠른 해결책은 없다. 당신은 완벽한 부모가 될 수 없으며 완벽한 아이를 키울 수도 없다. 솔직히 말하면, 우리는 당신이 완벽한 아이를 둔 완벽한 부모가 되려고 애쓰는 걸 원하지 않는다. 당신이 이것을 좇으면 당신과 아이가 한 인간으로서 발달하는 과정에서 느끼는 경이로움을 놓칠 것이기 때문이다. 인간은 끊임없이 배우고 발전하며 성장하고 변화한다. 이것이 인간다움의 핵심이다. 우리는 태어나자마자 다른 사람과 어떻게 관계 맺을지 결정하기 위해 다른 사람들의 감정 신호를 읽기 시작한다. 사회성과 정서 지능은 우리가 발달하는 데 중요한 밑바탕이 되며, 우리는 나이가 들면서 이러한 사회적·정서적 기술을 연마해나간다.

우리는 이 책에서 우리가 'MIND 체계MIND framework'라고 일컫는 육아 접근법을 제시한다. MIND 체계는 당신이 당신의 육아 방식을 더 깊이 이해하도록 돕고, 아이가 여러 발달 단계를 거치며 세상을 인식할 때 당신도 아이의 관점에서 세상을 바라보도록 돕기 위해 고안되었다. MIND 체계를 사용하면, 아이의 사회적·정서적 성장 발달을 매 순간 포착할 수 있다. 이를 통해 아이의 발달을 알아채고 축하해주며 아이의 사회적·정서적 발달을 촉진하고 장려하는 방법을 알게 될 것이다.

이 책의 개요

아이의 사회성과 정서 지능을 발달시키려면, 아이의 행동을 발달적 관점에서 바라봐야 하며 아이의 요구에 충동적으로 반응하지 않고 잠시 멈췄다가 의도적으로 대응해야 한다. 이렇게 함으로써 당신은 아이에게 사회적·정서적 지능을 모델링할 수 있다. 우리는 이 책 전반에 걸쳐 당신이 아이와 마음에 관한 대화, 특히 계속 발달하는 아이의 내면세계에 관해 대화할 것을 권한다. 이러한 대화를 통해 아이는 누구나 존중받아야 할 마음을 지니고 있으며, 자기 행동이 자신은 물론 다른 사람에게도 영향을 미친다는 사실을 이해할 수 있다. 또 발달 초기에 자아 인식, 동정심, 자기 조절력과 같은 사회적·정서적 지능의 기초를 마련할 수 있다.

사회적·정서적 기술은 다른 많은 기술과 마찬가지로 발달시키는 것이 가능하며, 아이가 이 기술을 발달시키는 데 당신의 지원이 매우 중요하다. 당신이 마음 이론의 발달 과정을 아동 발달의 다른 주요 측면과 연관 지어 알게 되면, 다음과 같은 질문에도 답할 수 있게 될 것이다.

· 아이의 행동이 아이와 다른 사람의 관계에 어떤 영향을 미치는가?
· 아이가 자신이 겪고 있는 경험에 관해 자기 자신에게 어떻게 이야기하는가?
· 아이가 타인의 관점이나 믿음, 욕구에 관해 무엇을 가정하고 있는가?
· 아이의 내면의 목소리가 아이 자신과 타인에게 마음을 열고 친절하게 대하도록 당신이 어떻게 도울 수 있는가?

이 책의 1부에서는 사회성과 정서 지능 발달의 개요를 제공한다. 구체적으로는 아이의 마음 이론, 의사소통과 언어, 실행 기능Executive Function, EF의 발달 과정을 살펴보고, 이들이 각각 가족의 문화 및 가치관과 어떻게 관련되는지 알아본다. 이러한 논의는 아이를 키우면서 인간의 발달 단계를 고려하게 될 때 유용하게 사용할 수 있는 도구가 될 것이다. 우리는 마음 이론의 핵심 발달 과정과 사회 인지 연구의 유용한 연구 결과를 설명하고 다양한 기술과 지침을 모델링하기 위해 독창적인 삽화를 사용했다.

2부에서는 MIND 체계를 소개한다. MIND 체계는 누구나 쉽게 따라 할 수 있는 육아 지침으로, 아이의 사회적·정서적 발달을 측정하고 관찰하는 데 손쉽게 적용할 수 있는 명확하고 실용적인 가이드다. 이 체계를 통해 인내심을 가지고 더 적극적으로 양육할 수 있으며 동시에 아이의 사회성과 정서 지능을 발달시킬 수 있다. 1부에서 알게 된 내용을 MIND 체계에 적용하면, 아이가 마음 이론과 사회 인지를 발달시키는 동안 아이의 관점에서 세상을 바라볼 수 있을 것이다.

이 책은 부모가 쉽게 적용할 수 있는 실질적 육아 체계를 제공하고 있으므로 자주 참고하기를 권한다. 육아는 몸이 열 개라도 모자랄 정도로 무척 바쁘고 때로는 감당하기 힘든 일이다. 이 책을 읽고 당신의 육아에 MIND 체계를 적용하는 연습을 하면서 육아 속도를 조절해보길 바란다. 우리는 아이의 건강한 발달과 학습의 토대가 되는 사회적·정서적 지능의 힘을 믿는 연구자이자, 교육자, 부모로서 우리의 경험을 공유하며 여러분을 안내할 것이다.

차례

1부

아이의 세 가지 핵심 발달을
장려하라

1 장

아이의 마음속
엿보기

당신의 감정이 단 몇 초 만에 행복에서 좌절로 돌변한 적이 있는가? 우리 마음은 어떨 때는 예전에 어떻게 반응했는지 되돌아보느라 과거에 갇혀 있고, 또 어떨 때는 앞으로 다가올 일과 그 결과를 예상하느라 미래로 내달린다. 우리는 우리의 마음 상태가 어떤지 관찰할 수 있기 때문에, 우리의 마음 상태가 우리 스스로를 어떻게 여기는지와 타인과 어떻게 상호작용하는지에 영향을 미칠 수 있다. 이렇게 우리 마음을 관찰하는 능력은 감정, 생각, 의도, 욕구, 믿음과 같은 마음 상태를 이해하는 데 도움이 된다. 우리는 이러한 마음 상태가 타인과의 관계에 어떻게 영향을 미치는지 늘 목격하고 있다. 가령, 과거에 관한 성찰이 어떻게 비판이나 수치심, 비난, 말, 행동으로 이어지는지 관찰할 수 있다. 이런 관찰력은 타고나는 것이 아니다. 마음 상태를 관찰하고 이해하는 능력은 시간을 들여 발달시켜야 한다. 그럼 당신과 당신 아이의 마음 이해 능력을 비교해서 살펴보자.

부모의 마음

부모가 되기 전, 당신은 당신의 마음 상태, 즉 생각, 감정, 믿음, 욕구, 혐오 등의 소용돌이를 탐색하느라 바빴다. 당신의 마음은 대부분 당신, 당신의 부부 관계, 당신의 경험에 집중되어 있었다. 당신은 직장에서 스트레스를 받으며 긴 하루를 보낸 뒤, 더 큰 목적의식을 부여하는 뭔가를 찾아야 하는 건 아닌지 고민하며 현 직장에 대해 곰곰 생각했을 것이다. 혹은 저녁 식사 도중 배우자가 당신이 가장 좋아하는 영화에 대해 자기 의견을 거리낌 없이 내뱉었을 때, 이 부부 관계가 과연 당신에게 바람직한 관계인지 의심했을 것이다. 기본적으로, 당신의 관심사는 오로지 당신뿐이었다.

그러다가 부모가 되면, 갑자기 당신을 당황하게 하는 근본적인 마음의 변화가 일어난다. 이제 당신은 자신의 마음은 물론이고 새로 태어난 아기의 마음도 탐색해야 하며, 아이의 마음을 형성하는 데에도 중요한 역할을 하게 된다. 당신의 마음과 아이의 마음을 탐색하는 방법에 관한 설명서는 따로 없다. 이 책과 같은 육아서가 도움은 되겠지만, 당신과 당신의 아이는 유일무이한 존재라서 당신의 육아 목표에 부합하는 방향으로 외부에서 얻은 조언을 통합하려면 당신의 생각, 감정, 믿음을 미세하게 조정할 수밖에 없다.

육아를 하다 보면 때때로 정신이 하나도 없다. 아이 생각에 정신 팔리는 일이 허다하다. '아이가 오늘 점심을 고작 두 숟갈밖에 안 먹었는데, 이렇게 적게 먹어서 과연 성장할 수 있을까?', '왜 이 아기 그룹에서 내 아이만 걷지 못할까? 내 아이의 신체 발달이 더딘 걸까?', '오늘은 내가 꼭 우리 엄마처럼 말했네. 난 내 엄마랑은 다른 엄마가 될 거라고 다짐했는데, 내가 왜 이러는 걸까?' 이런 생각들이 머릿속을 가득 메운다.

육아는 온 마음을 쏟아야 하는 일이다. 만일 지금 누군가 당신의 마음을 사로잡고 있는 게 뭔지 묻는다면, 뭐라고 답하겠는가? 잠시 자신의 마음을 들여다보자. 당신이 육아에 관해 지금 무슨 생각을 하고 어떤 감정을 느끼고 있는지 파악할 수 있는가?

바로 이 점에 주목해보자. 당신은 어른으로서 (때로는 말처럼 쉽지 않지만) 당신의 생각과 감정을 인식할 수 있는 능력이 있다. 또 아이의 생각과 감정이 당신과 종종 다르다는 사실을 알기 때문에 아이가 무슨 생각을 하고 어떤 감정을 느끼는지 궁금해할 것이다. 그러나 아이는 자기 마음을 관찰하고 이해하는 능력을 발달시키기 전이라, 아이의 마음 이해 능력은 당신의 능력과 상당히 다르다.

아이의 마음

아이들은 에너지가 넘치고, 열정적이며, 호기심이 많다. 그리고 감정적으로 강하게 반응하고 취향이 분명해서, 당신은 아이가 도대체 무슨 생각을 하는지 궁금해지기도 한다. 하지만 궁금하다고 해서 걸음마를 하는 아이나 유치원에 다니는 아이에게 하던 것을 잠시 멈추고 아이의 생각이나 믿음, 의도를 말해달라고 하면, 아이는 의아한 표정으로 당신을 빤히 쳐다보기만 할 것이다. 그러고는 하던 놀이를 계속할 것이다. 혹은 당신 질문에는 대답하지 않고, 자기가 주방에서 본 것에 관해 질문하거나 좋아하는 동물 인형을 탁자 위에서 춤추게 하는 놀이를 할 것이다. 아이가 이렇게 행동하는 이유는 자신의 믿음이나 의도를 부모에게 말하기 꺼려서가 아니다. 아이는 단지 마음을 이해하는 능력이 아직 발달하지 않아서 자기 생각과 감정을 관찰할 수 없고 따라서 부모와도 공유하지 못하는 것이다.

아이는 마음이 무엇인지에 관한 이론을 아직 발달시키는 중이다. 자신은 물론 타인의 마음 상태까지 이해하는 능력을 발달시키는 과정은 매우 복잡하다. 아이는 마음 이해 능력을 발달시키며 수많은 단계를 거치는데, 이 단계들은 언어 발달 및 ('실행 기능'이라고도 하며 3장에서 자세히 논의할) 자기 통제력, 기억력, 인지 유연성을 비롯한 다른 여러 기술의 발달과 밀접하게 관련되어 있다.

당신이 묻는 말에 대답은 하지 않고 탁자에서 인형을 가지고 노는 아이에게 즉각 반응하기 전에, 잠시 멈추고 아이의 행동이 의도적인 것(계획적이고 계산된 반응)인지, 아니면 발달 단계상 자연스러운 것(나이에 따른 반응)인지 생각해보자. 이러한 방식으로 아이의 행동을 바라보면, 당신은 좀 더 여유를 갖고 아이에게 더 사려 깊고 다정하게 대응할 수 있을 것이다.

부모가 아이의 마음 발달 과정과 이를 돕는 다른 연속적인 발달에 관해 잘 알지 못한다면, 대린의 아빠인 아이라와 같은 기분이 들 것이다. 아이라는 대린이 너무 변덕스러운 탓에 친구를 사귀지 못할까 봐 대단히 걱정했다. 대린은 집에서 자기감정을 거의 통제하지 못했고, 걸핏하면 화를 냈다. 아이라는 대린이 자기 행동의 영향력을 이해하지 못해서(사실 대린이 너무 어려서 이해하지 못하는 게 당연하다) 학교와 앞으로의 인생에서 어려움을 겪으리라 생각했다. 아이라는 아들의 행동이 먼 장래에 미칠 부정적 영향을 생각하니 슬프고 화가 났으며 결국 아들을 향해 미묘한 공격성까지 느끼게 되었다. 아이라는 대린이 긍정적인 행동을 보일 때도 괴로웠다고 고백했다. 대린이 예의 바르게 행동하면, 그저 영악하게 부모를 속이는 거라고 믿었기 때문이다. 만일 아이라가 대린의 행동이 주변에 미치는 영향에 관해 대화하는 방법과 아이의 사회 인지 발달 과정을 더 잘 알고 있다면, 대린을 돕기 위해 다른 접근법을 시도할 수 있을 것이다.

부모로서 아이의 발달을 잘 이끌어주려면, 당신 자신을 향한 끝없는 인내와 친절이 필요하다. 또 아이가 자기 생각, 행동, 반응을 유발하는 요인이 무엇인지 이해해가는 과정도 알아야 한다. 아이의 사회적·정서적 행동이 의도적인 것인지 아니면 발달 단계상 자연스러운 것인지 알면, 당신이 부모로서 느끼는 부끄러움도 많이 줄어들 것이다. 아이가 생각이나 감정과 같은 마음 상태를 이해하는 능력이 언제, 어떻게 발달하는지에 관해 부모가 더 많은 지식을 갖추면, 아이를 더 잘 양육할 수 있다.

마음 이론 발달에 관한 지식과 더불어, 아이가 또래로부터 어떻게 사회적 상호작용을 배우는지 보여주기 위해, 이 장과 책 전반에 걸쳐 우리가 학교나 방과 후 수업과 같은 가정 밖 학습 환경에서 봐온 아이들의 말과 행동을 공유할 것이다. 당신은 종종 아이의 특정 말과 행동을 보며 가정에서 아무도 그런 말과 행동을 하거나 본보기로 보여준 적이 없는데 아이가 어디서 배워오는지 궁금할 때가 많을 것이다. 아이는 주변의 다른 사람들로부터 끊임없이 배운다. 당신은 때때로 아이가 당신에게서만 배우기를 바랄 테지만, 아이에게 다른 사람, 특히 또래들의 관점이 본인의 관점과 다르다는 사실을 경험할 기회를 주면 아이의 사회성과 감정 조절 능력을 발달시킬 수 있다. 만일 모든 사람이 아이와 똑같은 방식으로 느낀다면 아이는 사회성을 기를 필요도, 자기감정을 조절할 필요도 없을 것이다.

아이는 지금 마음 이론을
발달시키는 중이다

아이가 처음으로 기거나 걷기 시작할 때, 혹은 처음으로 말을 하거나 질문을 할 때는 부모가 쉽게 알아차릴 수 있다. 다시 말해, 아이의 신체 발달이나 언어 발달의 중요한 순간은 상대적으로 분명하게 알아차릴 수 있다. 그러나 아이의 사회 인지 발달은 알아차리기 어려운 경우가 많다. 특히 아이가 아주 어릴 때는 사회 인지 발달 과정이 명확히 보이지도 않고 발달 속도도 빨라서 더욱 알아차리기 어렵다. 이 때문에 부모는 다음과 같은 의문을 품기도 한다.

· 아이가 다른 사람은 자기가 좋아하는 음식을 안 좋아할 수도 있다는 사실, 즉 다른 사람은 다른 욕구를 가진다는 사실을 언제 이해하는지 부모가 어떻게 알 수 있을까?

· 사람들이 그들이 실제로 느끼는 감정 대신 다른 감정을 표현할 수도 있다는 사실, 예를 들어 실제로는 슬픔을 느끼지만 행복한 것처럼 표현할 수도 있다는 것을 아이가 언제 이해하기 시작하는지 부모가 어떻게 알 수 있을까?

· 아이가 언제, 어떻게 자기 생각과 다른 사람의 생각에 관해 생각하기 시작할까?

정서 지능과 사회성을 발달시키려면, 자기가 무슨 생각을 하는지 생각해야 하고 다른 사람의 관점에서도 생각할 줄 알아야 한다. 따라서 위와 같은 질문은 자신과 다른 사람의 생각, 감정, 믿음, 욕구, 의도 등의 마음 상태를 이해하는 능력을 탐구하는 마음 이론 연구의 핵심이 된다.[1] 어린아이는 아직 발달이 미숙해 다른 사람의 관점에서 생각하는 것을 어려워하는 경향이 있다. 이를 보면, 마음 이론이 실제로 작동한다는 사실을 알 수 있다. 예를 들어, 어린아이는 다른 사람이 동물 모양 과자를 '안' 좋아할 수도 있다고 생각하기를 어려워한다. 아이에게는 동물 모양 과자가 세상에서 제일 맛있는 간식인데, 모두 다 자기처럼 생각하지는 않는다는 사실을 상상조차 할 수 없다.

마음 이론

아기에서 학령기 아동까지

아기

아기는 다른 사람의 감정 표현에 바로 반응하며 사회적 상호작용을 통해 세상을 배운다.

생후 11개월 된 레일라는 만나는 모든 사람에게 손을 흔들며 "안녕"이라고 외친다. 레일라는 사람들의 눈 맞춤, 손 흔들기, 미소를 인지하고, 계속 반복해서 사람들에게 인사하려고 노력한다.

걸음마 하는 아이

아이가 아장아장 걸음마 할 때쯤 되면, 사람마다 욕구가 다르며 그 욕구가 충족되거나 충족되지 않을 때 결과적으로 나타나는 행동과 감정이 다르다는 사실을 인지하기 시작한다.

22개월 된 알렉스는 점심으로 마카로니앤치즈를 맛있게 먹고 있다. 그리고 쌍둥이 형제인 칼이 울음을 터뜨리며 마카로니앤치즈가 든 그릇을 바닥에 내동댕이치는 모습을 유심히 바라본다.

어린 유치원생

어린 유치원생은 사람들이 저마다 자기 믿음에 따라 행동하며, 다른 사람의 믿음이 자기와 다르다는 사실을 이해할 수 있다.

세 살인 케이트는 모든 개가 무서운 동물이라고 믿기 때문에 개를 볼 때마다 엄마 등 뒤로 잽싸게 숨는다. 케이트의 친구인 샘은 개가 친근한 동물이라고 믿어 길에서 마주친 개를 쓰다듬으려 한다.

마음 이론

아기에서 학령기 아동까지

좀 더 큰 유치원생

좀 더 큰 유치원생은 사람들이 세상에 관해 틀린 믿음, 즉 현실과 다른 믿음을 가질 수 있음을 이해한다.

다섯 살인 일라이는 가족들이 아빠 생일을 축하하기 위해 깜짝 파티를 준비하는 것을 도왔다. 일라이는 아빠가 오늘이 그저 평범한 날이 될 것이라는 틀린 믿음을 가지고 있다는 것을 안다.

초등학교 1학년

아이가 초등학생이 되면, 사람들이 다른 사람에게 그들의 감정을 숨길 수 있다는 사실을 깨닫고 마음 상태를 한층 더 잘 이해할 수 있다.

"우리 함께 아빠를 속여요!" 모니카가 엄마에게 속삭였다. "오늘 해변에서 재미가 하나도 없었다고 말하기로 해요." 모니카는 아빠에게 해변에서 재미없는 시간을 보냈다고 말할 때, 거짓으로 실망한 표정을 지으려 노력했다.

초등학교 2~3학년

초등학교 2~3학년이 되면, 누군가가 아무 생각도 안 하는 것처럼 보일지라도 계속해서 뭔가 생각하고 있다는 사실을 인지할 수 있다.

카이는 종이에 연필을 대고만 있을 뿐 아무것도 적지 않고 집중하며 앉아 있다.

"쓸 수 있는 이야기를 모조리 생각하는 중이에요." 카이가 숙제를 다 했는지 확인하러 온 아빠에게 말했다. "머릿속에서 생각이 계속 떠올라요!"

마음 이론을 더 잘 이해하기 위한 또 다른 방법은 심리학자들이 아이의 마음 이론을 어떻게 측정하는지 살펴보는 것이다. 심리학자들은 아이들이 사람마다 마음 상태가 다를 수도 있다는 것을 어떻게 이해하게 되는지에 대해 수많은 연구를 했다.[2, 3, 4, 5] 이 중 많은 연구가 아이들이 언제 '틀린 믿음 과제false-belief task'를 통과하는지 탐구한다.[6] 틀린 믿음이란 무엇일까? 때때로 우리가 믿는 것은 사실과 다르다. 예를 들어, 멜라니는 자기가 좋아하는 민트차가 찬장에 있다고 생각하는데 사실은 (멜라니의 남편이 멜라니에게 말하지 않고 옮겨서) 주방 조리대에 놓인 통 안에 있다. 민트차를 찾는 멜라니의 행동은 그녀의 믿음에 따라 결정된다. 따라서 멜라니는 자기의 틀린 믿음대로 행동할 것이다. 즉, 차가 찬장에 있으리라 생각하기 때문에 차를 찬장에서 찾을 것이다. 다른 사람이 틀린 믿음을 가질 수도 있다고 생각하는 능력은 마음 이론의 발달에서 중요한 이정표로 여겨지며, 아이들은 대체로 4~5세 정도에 틀린 믿음을 이해한다.

아이의 관점에서 틀린 믿음을 생각해보면 다음과 같을 것이다. 제러미와 브루스는 마당에서 발견한 애벌레를 담을 통을 찾고 있다. 제러미는 마침 주방 식탁에 거의 빈 젤리 상자가 있다는 게 떠올랐다. 제러미와 브루스는 둘이서 나머지 젤리를 다 먹고 빈 상자를 애벌레의 새집으로 사용했다.

제러미의 여동생인 탈리아가 집에 왔을 때, 마당에 있는 젤리 상자를 봤다. 제러미와 브루스는 멀리서 탈리아가 그 상자를 여는 모습을 봤다. 제러미와 브루스가 상자 안에 뭐가 들어 있는지 경고할 새도 없이, 탈리아는 상자를 연 뒤 비명을 지르며 상자를 집어던지고 울기 시작했다. 그 일로 화도 나고 당황하기도 한 탈리아는 제러미와 브루스가 자기를 속였다며 둘을 잡으러 뛰어다녔다. 그러고는 젤리를 주지 않으면 둘을 이르겠다고 으름장을 놓았다.

탈리아는 앞서 멜라니가 민트차의 위치에 관해 가졌던 틀린 믿음과 비슷하게, 상자 안에 들어 있는 것에 관해 틀린 믿음을 가지고 있었다. 하지만 탈리아는 분노, 당혹감, 찾고 있던 젤리를 먹고 싶은 마음 때문에 멜라니와 다르게 반응했다. 아이들과 일부 어른들은 발달 과정상 자기 추측이 사실과 다를 수도 있음을 인지적으로 아직 이해할 수 없어서 자기의 틀린 믿음에 대해 뜻밖의 반응을 보이는 경우가 많다.

심리학자들은 때때로 '샐리-앤 테스트Sally-Anne test'라고 불리는 실험을 통해 아이의 마음 이론을 측정한다. 이 테스트는 가장 유명한 틀린 믿음 과제로,[7] 아이가 사람마다 아는 것이 다르고, 이는 다른 행동을 초래한다는 사실을 이해하는지 명석하게 측정한다. 이 과제에서 아이는 샐리와 앤이라는 두 인형을 보며 다음 이야기를 듣는다.

"샐리는 바구니를 가지고 있고, 앤은 상자를 가지고 있었어요. 샐리가 구슬 한 개를 자기 바구니에 넣은 후, 방을 나갔어요. 앤은 샐리가 없는 동안 샐리의 바구니에서 구슬을 꺼내 자기 상자에 숨겼어요. 그러고 나서 샐리가 방으로 돌아왔어요."

아이에게 위 이야기를 들려준 후, 샐리가 어디에서 구슬을 찾을지 묻는다. 만약 아이가 틀린 믿음을 이해한다면, 샐리가 구슬이 바구니에 있다고 생각하기 때문에 바구니에서 찾을 것이라고 대답할 것이다. 대부분의 연구에 따르면, 3세 아이들은 보통 샐리가 실제 구슬이 들어 있는 상자 안을 볼 거라고 대답하지만, 4세 아이들은 샐리가 바구니를 들여다볼 것이라고 대답하는 경향이 있다.

아이가 다른 사람의 생각, 믿음, 욕구, 의도를 인지하는 능력이 어떻게 발달하는지 이해하려면 아이의 마음 이론 발달을 연속선상의 발달 과정으로 생각하는 것이 도움이 된다. 당신이 마음 이론의 발달 과정을 이해하면, 아이의 행동을 예상할 수 있을 뿐 아니라 아이의 나이에 맞는 수준으로 사회성과 정서 지능을 길러줄 수 있다.

마음 이론의 발달 과정을 이해하려면 많은 것을 고려해야 한다. 예를 들어 아장아장 걸음마 하는 아이가 사람들의 생각이 다양하다는 사실을 완전히 이해하지는 못한다는 것을 알면, 아이가 장난감 트럭을 공유하지 않는 친구를 왜 때렸는지 이해할 수 있다. 즉, 아이는 단지 자기가 그 장난감 트럭을 가지고 놀고 싶다고 해서 친구가 그것을 기꺼이 넘겨줄 것인지 생각하는 능력이 아직 발달하지 않은 것이다. 또 당신이 제안하는 갈등 해결 방법은 아이가 이해하기에는 너무 복잡할 수 있다. 아이는 발단 단계상 다른 사람이 자신과 다르게 생각한다는 것을 아직 배우는 중이기 때문이다.

이제 마음 이론이 무엇인지, 심리학자들이 마음 이론을 어떻게 측정하는지, 그리고 마음 이론의 발달에서 중요한 이정표가 무엇인지 기본적으로 이해했으니, 유아기부터 후기 아동기까지의 마음 이론 발달 과정을 보여주는 연구를 심층적으로 살펴볼 필요가 있다. 마음 이론의 중요한 개념들이 언제, 어떻게 발달하는지 이해하면, 아이를 다르게 바라볼 수 있다. 이렇게 아이의 마음 이론 발달에 관한 과학적 연구 결과를 살펴보면, 아이에게 즉각 반응하는 것을 줄이고 당신과 아이 사이에 마음의 공간을 둘 수 있으며(이런 공간을 둔다고 당신이 아이를 덜 사랑한다는 뜻은 아니다), 육아 자신감을 기를 수 있을 것이다.

영아의 마음 이론

연구자들이 영아들도 마음 이론의 발달에 중요한 전조 행동을 한다는 것을 보여주는 강력한 증거를 발견했다는 사실에 적잖이 놀랐을 것이다. 영아 어린이집에서 아이가 유치원에 다닐 수 있도록 준비시켜주는 것처럼, 이를 마음 이론의 발달을 준비시켜주는 '전 마음 이론pre-theory of mind' 연구라고 생각하자. 자, 그러면 영아가 어떤 행동을 통해 정서 지능과 사회성을 발달시키는지 알아보자.

영아는 부모의 얼굴을 유심히 살핀다

영아는 사회적 상호작용을 갈망하며 단절감을 느끼면 쉽게 화를 낸다.[8] 고전적인 '무표정 실험still-face experiment'은 이를 확실히 보여준다. 이 실험에서는 영아를 엄마 또는 아빠와 마주 보도록 카시트에 앉힌다. 부모가 웃는 모습을 보여주면 아이는 자연스럽게 옹알거리며 까르르 웃는다. 그리고 나서 부모가 잠시 고개를 돌렸다가 무표정을 한 채 다시 아이를 바라보면 아이는 다시 웃고 옹알이하며 부모의 반응을 끌어내려고 한다. 이때 부모가 아무런 반응도 하지 않는다. 그러면 아이와 부모 사이의 상호작용이 급격히 줄어들면서 아이는 매우 짜증을 낸다. 이 실험은 아기가 아주 어릴 때부터 주변 세상에서 받아들이는 감정과 사회적 상호작용에 즉각 반응한다는 점을 시사한다.

이 무표정 실험을 당신의 육아 일상과 연관 지어보자. 카시트에 아이를 앉혔던 수많은 순간을 떠올려 보자. 아이를 앉히면서 얼마나 자주 아이에게 반응해주었는가? 아이는 당신의 표정을 유심히 살피면서 자신이 관찰하는 감정과 상호작용에 반응한다. 만일 아이가 까탈스럽게 행동했다면, 그 순간 당신의 마음이 어디에 있었는지 생각해보자. 저녁 메뉴를 생각하고 있었는가? 아니면 몇만 원 더 주고 더 좋은 브랜드의 카시트를 사지 않은 걸 후회하면서 카시트 버클 때문에 좌절하고 있었는가? 당신 마음이 어디에 있었는지 인지하고 현재 순간으로 돌아와 아이와 긍

정적인 감정 교류를 하기 위해 어떤 표정을 지어 보일지 생각해
보자.

영아는 의도를 이해하기 시작한다

사회 인지 발달의 중요한 특징은 의도가 행동을 유발한다는
사실을 이해하는 것이다.[9] 가령, 아이가 식탁 전체에 우유를 확
쏟았을 때 당신은 그 행동이 의도적이었는지 아니었는지에 따라
다르게 반응할 것이다. '주스를 주지 않아서 아이가 화가 났나?
아니면, 실수로 컵을 엎은 걸까?'

발달 심리학자 앤드루 멜조프Andrew Meltzoff의 자주 인용되는 연
구에 따르면, 아이는 두 돌이 되기 전에 타인의 의도를 이해하기
시작한다.[10] 멜조프는 생후 18개월 된 영아에게 한 어른이 목표
행동, 예를 들어 막대기로 버튼을 누르는 행동을 하려고 노력하
지만 실패하는 모습을 보여줬다. 그리고 나서 아이에게 그 행동
을 해볼 기회를 줬다. 아이는 어른이 그 행동에 성공한 모습을 한
번도 보지 못했지만, 그 어른이 의도했던 행동, 즉 막대기로 버튼
을 누르는 행동을 했다. 한편, 이 연구에는 반전이 있다. 두 번째
실험에서 아이는 첫 번째 실험의 어른과 똑같이, 막대기로 버튼
을 누르려 하지만 실패하는 '로봇'의 모습을 봤다. 하지만 이번에
는 아이가 목표 행동을 하지 않았다. 이 결과는 영아가 욕구는 행
동을 초래한다는 사실을 인식하며 마음 이론의 기본, 즉 무생물

이 아닌 사람은 목표와 의도를 가진다는 사실을 어느 정도는 이해한다는 것을 강력하게 시사한다.

아이와 함께 놀 때, 당신과 아이 둘 다 집중하며 상호작용할 수 있는 장난감이나 물건을 가지고 노는 경우가 많다. 예를 들어 블록을 가지고 놀 때 당신이 아이에게 하는 말과 행동을 생각해 보자. 당신과 아이가 앉아서 장난감 기차가 들어갈 차고의 지붕을 짓고 있다. 아이는 지붕을 만들려고 세 번이나 시도했지만, 블록이 계속 떨어진다. 그래서 아이는 지붕 짓는 것을 멈추고 당신이 어떻게 하는지 지켜본다. 아이는 물리적 세계에 관해 새로운 정보(당신이 지붕을 만들기 위해 블록을 쌓는 방법)를 수집하면서 당신의 목표와 욕구(당신의 지붕은 아이가 지으려는 것보다 훨씬 더 넓어 보인다)에 관해서도 알게 된다. 당신의 의도를 말함("나는 기차 세 대가 들어가길 원하니까 지붕을 아주 넓게 만들 거야")으로써 의도를 분명히 하면, 아이는 당신의 의도를 평가할 수 있고 점차 자신과 타인의 행동이 미치는 영향을 예상할 줄 알게 된다.

유아의 마음 이론

아이가 영아에서 걸음마 하는 유아로 성장하는 모습을 지켜보는 것은 당신과 아이 모두에게 큰 전환이다. 아이가 걷기 시작해서 더는 안고 다닐 필요가 없어졌을 때 당신은 대단히 기뻐했을 것이다. 하지만 아이가 온갖 것에 관심을 가지기 시작해서 주변으로부터 아이를 보호하는 게 당신의 '두 번째 일'이 됐을 때 그 기쁨은 곧 사라지고 만다. 이 시기에 볼 수 있는 또 한 가지 큰 이정표는 아이의 어휘 발달이다. 즉, 아이는 자기 생각, 감정, 욕구를 전달하기 위해 단어 사용 능력을 발달시킨다. 만일 당신 아이가 이미 말을 시작했다면, 아이가 최초로 말한 단어를 기억하는가? 아이가 생애 처음 말을 했을 때 당신은 어떤 기분이 들었는가? 많은 부모가 자신의 아이가 처음으로 '엄마' 또는 '아빠'라고 부르는 말을 듣고 눈물이 그렁그렁 맺혔던 경험을 생생히 기억하고 있다.

아이는 유아기에 들어서면서 (말 그대로) 걸음마라는 큰 발걸음을 내디딜 뿐 아니라, 마음 상태를 이해하는 능력도 크게 발달한다. 연구에 따르면, 아이가 유치원에 입학하는 시기 즈음에 생각과 감정을 말로 표현하며 욕구와 감정을 이해하는 매우 중요한 능력이 발달하기 시작한다.

아이의 마음 이론 발달을 비롯해 사회적·정서적 발달의 많은 부분은 주로 교실 환경, 즉 부모나 주 양육자가 함께 있지 않은 공간에서 일어난다. 이러한 학습 공간에서 아이는 자기 생각, 욕구, 믿음을 탐구하고 이에 따라 행동한다. 이때 아이가 얻는 반응은 아이의 사회성과 정서 지능 발달에 큰 영향을 미친다. 아이는 다른 아이들과 상호작용하면서 자신이 가정에서 배우는 내용과 자신의 세계관이 또래와 어떻게 다른지 탐구할 기회를 얻는다. 유아는 자신과 다른 사람의 마음에 관해 배우는 중이지만, 자기 생각, 욕구, 감정을 표현하는 데 어려움을 겪으며 이는 종종 갈등과 눈물을 유발한다.

조망 수용: 타인의 마음 들여다보기

아이에게 다른 사람과 뭔가를 공유하라고 했을 때 아이가 "이건 내 거야!"라고 대답한 적이 있는가? 비어트리스는 딸아이인 사라를 데리러 유치원에 갔을 때, 사라가 공유하는 걸 싫어한다는 선생님의 말을 듣고 깜짝 놀랐다. 사라가 놀이터에서 애비개일이 가지고 놀던 공을 잡아 제 쪽으로 끌어당기자 애비개일이 공을 도로 가져가려고 했는데 사라가 애비개일에게 흙을 한 움큼 던지고는 소리를 질렀다고 한다. 비어트리스는 사라를 번쩍 안아 올리며 선생님께 죄송하다고 하고, 유치원을 나오는 길에 사라를 꾸짖었다. 지켜보던 다른 엄마들이 수군대기 시작했다. 비어트리스는 기분이 너무 나빴다.

집에 오는 길에 비어트리스의 마음은 온갖 질문으로 가득 찼다. '사라가 도대체 왜 그랬을까? 집에서는 잘 공유하는데 왜 유치원에서는 공유를 안 하려고 했을까?' '누가 사라에게 이런 이기적인 행동을 가르친 걸까? 유치원을 딴 데로 옮겨야 할지도 몰라.' 비어트리스는 사라에게 전문가의 도움이 필요한 건 아닌지 고민했다. 당신도 이런 경험이 있는가? 만일 그렇다고 해도 당신만 그런 게 아니다.

수많은 부모가 다른 사람과 물건 공유를 잘하지 못하는 아이 때문에 혼란스러워하고 좌절한다. 왜 어린아이들은 공유하는 걸 그토록 어려워하는 걸까? 그 이유 중 하나는 어린아이들은 다른 사람의 관점에서 생각하는 조망 수용 기술이 아직 발달하지 않았기 때문이다. 비어트리스는 유치원 아이들 대부분이 유치원 공을 자기 거라고 믿는다는 사실을 몰랐다.

유아는 언제 조망 수용 기술을 발달시킬까? 여러 분야의 발달 연구에서 사람마다 욕구와 같은 마음 상태가 다르다는 사실을 아이가 언제 인식하는지 연구했다. 가령, 캘리포니아대학교 버클리캠퍼스에서 실시한 한 연구는 생후 18개월 된 아이가 다른 사람은 자신과 다른 욕구를 가진다는 사실을 이해함을 보여주었다.[11]

이 연구에서 성인 실험자는 유아에게 골드피시 크래커를 싫어하고 브로콜리를 좋아한다고 표현한다(유아 참가자와 정반대). 그리고 나서 성인 실험자가 "나도 좀 줘"라고 말했을 때 18개월 된 아이들은 그 성인에게 브로콜리를 줬다. 하지만 불과 4개월 더 어린 아이들은 성인 실험자가 골드피시 크래커를 싫어한다고 분명히 표현했는데도 그 성인에게 골드피시 크래커를 주는 경향이 있었다. 즉, 14개월 된 아이들은 성인 실험자의 관점을 인식하지 못해서 그 성인에게 자기가 좋아하는 골드피시 크래커를 준 것이다.

다른 사람의 관점을 이해하고 고려하는 기술은 평생 노력해도 기르기 힘들다. 가장 최근에 당신의 배우자나 직장 동료, 친구와 의견 충돌이 있었던 때를 떠올려보자. 그 문제 상황의 원인 중

브로콜리와 골드피시 크래커 연구 THE BROCCOLI-GOLDFISH STUDY

레파촐리Repacholi와 고프닉Gopnik(1997)은 거의 모든 아이가 브로콜리보다 골드피시 크래커를 더 좋아한다는 사실을 이용하여, 아이는 생후 약 18개월부터 다른 사람은 다른 욕구를 가진다는 사실을 인식할 수 있음을 입증했다.

성인 실험자는 아이에게 골드피시 크래커는 싫어하지만, 브로콜리는 좋아한다는 것을 보여준다(대부분의 아이가 좋아하는 것과 반대).

실험자가 아이에게 "나도 좀 줄래?"라고 묻는다.

결과

생후 14개월 된 아이	생후 18개월 된 아이

실험자에게 자기가 좋아하는 골드피시 크래커를 준다.	실험자에게 실험자가 좋아하는 브로콜리를 준다.

하나는 상대방의 관점을 이해하려고 노력하지 않았기 때문일 것이다. 마찬가지로, 부모가 아이의 생각, 욕구, 의도를 고려하지 않을 때 아이와 불화를 겪는 경우가 허다하다. 내가 다른 사람의 관점을 이해하기보다 다른 사람이 나의 관점을 받아들이길 바라는 것은 인간 본성이다. 다양한 관점에서 상황을 바라보는 능력은 다른 사람의 생각, 감정, 행동을 이해하도록 도와주기 때문에 정서 지능 발달에 매우 중요한 역할을 한다.

아이는 관찰을 통해 자신의 믿음을 형성한다

영아들이 사회적 단서에 어떻게 주의를 기울이는지 보여주는 연구들을 기억하는가? 아이가 당신을 유심히 쳐다볼 때, 아이는 제한된 지식, 기술, 경험으로 당신의 의도와 믿음을 파악하려고 노력하는 중이다. '아빠는 내가 콩을 싫어하는 걸 알면서도 왜 자꾸 내 접시에 콩을 놓을까?' 아이는 사람들의 행동 이면의 의도를 이해하지 못해서, '내가 섭취하는 영양이 아빠에게 중요하다는 걸 알아. 콩이 나한테 좋으니까 아빠는 내가 먹을 거라고 생각하면서 계속 콩을 줄 거야'라고 아직은 생각하지 못한다.

우리가 다른 사람의 의도, 믿음, 욕구를 이해하면 사회적으로 적절하게 반응할 수 있듯이 아이도 마음 상태를 이해하면 다른 사람에게 사회적으로 적절하게 반응할 수 있다. 예를 들어 아이가 속상해하거나 다친 사람을 보면, 그 사람을 위로하려고 자기가 좋아하는 장난감이나 담요를 줄 수도 있다. 아이는 유아기에 다른 사람을 관찰하고 관찰을 통해 알게 된 것을 시험하기 위해 말과 행동으로 반응하며 보낸다. 아이가 똑같은 말과 행동을 계속 반복하는 것은 바로 이런 이유 때문이다. 아이는 자기 반응의 결과에 일관성이 있으면 자신이 관찰한 것에 관해 믿음을 형성한다.

어른들은 종종 마음 상태의 측면에서 인간의 행동을 설명하고 예측한다.[12] 심리학자는 이를 믿음-욕구 체계belief-desire framework라고 부른다. 만일 당신이 아이스크림을 먹고 싶다면, 당신은 아이스크림을 사려고 길모퉁이에 있는 시장으로 걸어갈 것이다. 당신의 행동은 당신이 아이스크림을 원하고 길 아래쪽에 있는 가게에서 아이스크림을 판다고 믿는다는 가정하에 설명될 수 있다. 널리 알려진 믿음-욕구 체계에 관한 한 이론에 따르면, 유아는 욕구라는 마음 상태를 이해하기 시작하며, 이는 종종 단순 욕구 심리학simple desire psychology이라고 불린다. 헨리 웰먼Henry Wellman과 재클린 울리Jacqueline Woolley는 일련의 연구에서 아이는 두 살 때 처음으로 인간 행동을 욕구의 관점에서 이해한다는 것을 발견했다.[13]

이 연구에서는 두 살짜리 아이들에게 뭔가를 찾기를 원하는 어떤 인물에 관한 이야기를 들려준다. 예를 들어 자니라는 인물이 그의 개를 찾고 싶어 하며, 그 개는 집 아니면 차고에 있다는 이야기를 들려준다. 그리고 나서 아이는 자니 모습을 한 종이 인형이 집이나 차고로 걸어가 개 또는 다른 것을 찾는 상황을 지켜본다. 그다음 아이에게 자니의 행동과 감정적인 반응을 예측하도록 요청한다. 즉, 자니가 첫 번째 장소에서 개를 찾지 못한다면, 자니가 두 번째 장소에 가볼지 아니면 찾기를 멈출지 아이에게 묻는다. 감정과 관련해서는 자니가 개를 찾거나 혹은 찾지 못하면 기쁠지 아니면 슬플지 아이에게 묻는다. 전반적으로 두 살짜리 아이는 이야기 속 인물의 행동과 감정적 반응을 예상할 수 있었다. 이 연구 결과는 유아의 인간 행동 이해를 단순 욕구 심리학으로 설명할 수 있음을 보여준다.

아이들은 교실에서 종종 욕구 심리학을 이용한다. 유아는 큰 아이들과 다른 방식으로 친구들에게 인사한다. 가령, 친구에게 '안녕'이라고 말하는 대신 친구가 좋아하는 장난감을 가지고 와서 준다. 이는 단순 욕구 심리학이 실제로 어떻게 작용하는지 보여준다. 즉, 아이들은 친구가 원하는 장난감을 가져다주면 친구가 기뻐한다는 것을 이해하는 것이다. 장난감을 받은 친구는 아이 행동의 의미를 알아차리고 미소 지으며, 이를 통해 둘 사이의 유대가 형성된다.

속임수 기술

당신은 대부분의 어른들처럼, 생각과 믿음이 다른 사람을 위로하거나 아프게 하는 힘을 가진다는 사실을 이해한다. 유아는 이 사실을 이제 막 이해하기 시작했다. 아이들은 스스로 행동하

48

면서 배우고 이해의 폭을 넓힌다. 따라서 당신은 아이가 심술궂은 행동을 하는 모습을 자주 목격할 것이며 이 때문에 대단히 화가 날 것이다. 당신 아이가 다른 아이에게 불친절하게 행동하는 모습을 보면, 당신은 곧바로 나쁜 부모가 된 것 같은 느낌이 든다. 하지만 다음을 명심하자. 당신이 목격하는 아이의 행동들은 아이가 의도, 욕구, 믿음이라는 마음 상태를 이해하는 과정에서 자연스럽게 나타나는 결과이며, 속임수도 마찬가지다.

아이가 욕구라는 마음 상태를 이해하는지 탐구한 한 연구에서 어린 피험자들에게 그들이 갖고 싶은 스티커를 얻기 위해 인형을 속이라고 요청했다.[14] '못된 원숭이 연구Mean Monkey Study'로 잘 알려진 이 실험에서는 아이들에게 몇 가지 스티커를 보여준 후 어느 것이 가장 좋냐고 물었다. 그리고 나서 못된 원숭이 인형을 보여주며, 못된 원숭이는 항상 아이가 가장 좋아하는 스티커를 가져간다고 말해주었다. 그다음 아이에게 가장 좋아하는 스티커를 가리키라고 요청했다. 이 게임에서 중요한 전략은 원숭이를 속여서 원숭이가 자신이 가장 좋아하는 스티커 말고 다른 스티커를 가져가도록 하는 것이다. 세 살짜리 아이들은 똑같은 게임을 여러 번 시도해도 거짓말을 못 해서 자기가 원치 않는 스티커만 잔뜩 가지게 됐다. 이와 대조적으로, 네 살짜리 아이들은 게임의 요령을 터득하고 못된 원숭이를 속이는 데 성공하는 경우가 많았다.

이 연구는 당신이 아이가 거짓말하는 것을 알아차리기 시작한 때를 떠올리게 한다. 당신은 당연히 정직한 아이로 키우는 것을 목표로 삼겠지만, 아이의 거짓말은 마음 이론 발달에서 대단히 중요한 사건이다. 거짓말과 속임수는 다른 사람이 자기와 다른 믿음을 가지며 그 믿음이 사실과 다를 수도 있음을 이해해야만 할 수 있기 때문이다. 유아는 속임수의 힘을 자주 시험하며 어떤 아이는 다른 아이보다 속임수 기술을 더 먼저 이해하고 발달시킨다. 아이들은 또래들, 특히 속임수라는 개념을 아직 이해하지 못한 친구에게 자신이 이해한 것이 통하는지 시험한다. 속는 아이는 속임수라는 개념을 아직 이해하지 못해서 속이는 아이에게 이의를 제기할 수 없다. 어른들은 아이의 속임수를 쉽게 알아차릴 수 있는데, 이는 아이들 대부분이 자기 행동이 다른 사람에게 훤히 보인다는 사실을 이해하지 못하기 때문이다.

이와 관련해 내가 가르친 톰과 체스터의 일화를 하나 소개하겠다. 나는 유치원에서 몇 달 동안 톰이 체스터를 속이는 것을 목격했다. 얼마 후, 톰과 체스터의 부모가 나를 찾아왔다. 톰의 엄마는 아들이 거짓말을 해서 화가 났고, 체스터의 엄마는 톰이 자기 아들을 속여서 화가 났다. 나는 두 엄마에게 톰과 체스터가 다른 사람이 자기와 다른 믿음과 욕구를 가질 수도 있다는 것을 점차 이해하고 있으며 이러한 이해의 발달은 아이들이 속임수라는 개념을 시험하도록 이끈다고 설명했다. 이 과정은 양쪽 부모 모두에게 고통스러웠다.

톰은 체스터를 유심히 지켜보며 체스터가 좋아하는 것과 싫어하는 것을 관찰한 다음 체스터를 속임으로써 자기가 관찰한 내용을 시험하곤 했다. 톰은 체스터가 빨간 장난감 트럭을 가지고 노는 것을 좋아한다는 것을 알아차리고 체스터가 빨간 트럭을 가지고 놀지 못하게 할 무수한 방법을 궁리한 다음, 체스터가 이 방법에 어떻게 반응하는지 주목했다. 체스터를 속이는 것은 이제 톰에게 재미있는 게임이 되었다. 한번은 톰이 체스터에게 이렇게 말했다.

"오늘 아침에 선생님이 그 빨간 트럭을 치웠어. 선생님이 그거 고장 났대."

체스터는 그 얘기를 듣자마자 엉엉 울었고, 톰은 옆에 서서 이 모습을 지켜보며 자기 행동과 그 행동이 다른 사람의 감정에 미치는 영향 사이의 연관성에 관해 자기가 이해한 내용이 옳다는 것을 확인했다. 톰은 어휘력이 풍부하고 말이 많으며 관찰력이 뛰어났다. 이와 대조적으로 체스터는 수줍음이 꽤 많고 혼자서도 장시간 놀 수 있었다. 톰은 일부러 체스터에게 상처를 주려는 건 아니었지만, 체스터가 자신의 거짓말에 반응하는 모습을 보는 걸 재밌어했으며 말로 다른 사람을 속일 수 있다는 것을 알게 되었다.

이것은 아이들에게 상당히 멋진 발견이다. 따라서 아이가 이 시기에 거짓말을 줄줄이 늘어놓는 것은 흔한 일이니, 안심해도 된다. 아이들 대부분은 다른 사람에게 해를 끼치는 걸 원하지 않는다. 다만 자기 생각과 행동, 감정 사이의 관계를 아직 잘 인식하지 못할 뿐이다.

아이에게 그들의 내면세계에 관해 이야기하고 그들의 생각이 다른 사람과 다르다는 사실을 짚어주는 일은 매우 중요하다. 아이가 자신과 다른 사람의 마음 상태를 이해하는 능력의 토대를 다지는 동안 마음 이론에 관해 가르쳐주면 아이의 인식을 발달시킬 수 있다. 당신은 아이에게 사람의 행동을 유발하는 생각, 믿음, 의도가 사람마다 다 다르며 다른 사람의 마음 상태에 대한 우리의 가정은 그들을 위로하거나 아프게 하는 힘을 가진다는 개념을 알려줄 수 있다.

아이가 거짓말과 속임수를 이해하도록 돕는 가장 좋은 방법은 거짓말과 속임수에 관해 명시적으로 이야기하는 것이다. 아이가 당신이나 다른 누군가를 속이려는 걸 알아챘을 때 아이에게 알려주자. 그런 다음, 속이는 사람과 속는 사람의 관점을 취하는 조망 수용 기술을 아이에게 모델링하며 이야기해보자. 나는 체스터와 빨간 트럭에 관해 톰과 이렇게 대화를 나눴다.

"안녕, 톰." 나는 말을 이었다. "오늘 아침 네가 유치원에 왔을 때, 선생님은 네가 빨간 트럭을 퍼즐 뒤에 숨기는 걸 봤단다. 그리고 체스터가 유치원에 왔을 때 체스터한테 내가 그 트럭을 치웠다고 말하더구나."

톰은 나를 빤히 쳐다보았다. 톰의 눈이 '어떻게 알았어요?'라고 묻는 듯했다. 톰은 내가 자기를 관찰하고 있었다는 걸 알고 놀랐다. 톰이 혼란스러워 보여서 사람들은 원래 서로의 행동을 관찰하며 의문을 품는다고 명시적으로 말해줬다. 그러고 나서 이렇게 질문했다.

"네가 체스터한테 선생님이 트럭을 치웠다고 말했을 때 체스터가 어떻게 반응했니? 체스터가 그 이야기를 들었을 때 어떤 기분이 들었을까?"

톰은 계속 나를 멀뚱멀뚱 쳐다보기만 했다.

나는 좀 더 원활하게 대화하기 위해 종이와 크레용을 꺼냈다. 아이의 내면세계에 관해 대화할 때, 아이가 이야기하도록 격려하는 좋은 방법은 대화하면서 그림을 그리는 것이다. 그림으로 생각과 감정을 표현하면 아이가 더 집중할 수 있으며, 아이에게 성찰하는 방법을 보여줄 수 있다. 그림 실력은 걱정하지 않아도 된다. 당신이 예술가가 될 필요는 없다. 막대 인간 그림이면 충분하다.

우리는 톰이 무슨 생각을 하는지와 누군가를 어떻게 속이는지 이야기했다. 톰이 뭔가를 말하면, 나는 톰을 나타낸 그림 위에 말풍선을 그렸다. 또 톰이 자기 생각을 말하면, 생각 풍선을 그렸다. 나는 말풍선과 생각 풍선의 차이점을 설명했다. 톰은 자기 생각을 이야기했고, 나는 그 생각을 그림으로 그렸다. 이제 종이는 톰의 마음을 보여주는 창이 되었다. 톰은 주의를 집중하고 그림을 보며 계속 대화했다. 우리는 말과 행동으로 어떻게 다른 사람을 속일 수 있는지 이야기했다.

그다음 나는 체스터를 그리고 톰에게 체스터의 생각과 감정을 생각해보라고 했다. 톰은 종이에 그려진 그림을 보며 나와 대화한 뒤, 체스터를 대하는 태도를 싹 바꿨다. 그리고 그 빨간 트럭을 체스터에게 건네주었다. 그 후 체스터는 더 편안하게 놀이했으며, 톰과 자주 트럭을 가지고 놀았다. 결국, 톰과 체스터는 매우 친해졌다. 그 빨간 트럭은 다시 교실에 등장했고, 두 아이는 남을 속일 수 있어도 정직이 속임수보다 더 나은 선택임을 알게 되었다. 이후 톰은 정직의 옹호자가 되어, 반 친구들에게 거짓말하지 말라고 이야기해줬다.

당신도 톰과 체스터의 부모가 배웠듯이, 아이의 생각과 속임수의 나쁜 점을 이야기하기 위해 그림 그리기를 적용할 수 있다. 이렇게 하면 당신이 섣불리 판단하는 것을 줄일 수 있다. 예를 들어, 체스터의 부모는 더 이상 톰을 나쁜 아이라고 생각하지 않았다. 톰의 부모는 즉시 체스터를 돕기를 원했으며 그림 그리기 방법을 사용하여 톰과 함께 속임수에 관해 계속 대화했다. 이처럼 아이가 다른 사람의 관점을 취하는 기술을 배우는 동안 당신도 자신의 관점을 바꿀 수 있다.

학령기 아동의 마음 이론

아이는 성장하면서 마음 이론을 더 잘 이해하게 된다. 일반적으로 아이들이 6세에서 8세 정도가 되면, 해석적 마음 이론Interpretive Theory of Mind, IToM을 이해하기 시작한다. 즉, 똑같은 상황에서도 사람마다 다른 생각을 할 수 있음을 이해하기 시작하는 것이다.[15]

생각의 다양성 인식

해석적 마음 이론의 개념을 설명하는 한 가지 간단한 방법은 고전적인 '토끼-오리 이미지'와 같은 착시 현상을 생각해보는 것이다. 똑같은 이미지에서 어떤 사람들은 토끼를 보는 반면, 다른 사람들은 오리를 본다. 토끼와 오리 둘 다 그 이미지에 관한 합리적인 해석이다. 사람들의 생각에서 공통성뿐만 아니라 다양성도 인식하는 능력은 중기 아동기에 발달하기 시작하며 평생에 걸쳐 계속 발달하는 중요한 사회 인지 기술이다.[16]

토끼-오리 착시 그림

의식의 흐름에 대한 인식

아이가 마음 상태를 이해하는 능력을 발달시키는 과정에서 또 한 가지 흥미로운 것은 어떤 사람이 특별히 뭔가를 하고 있지 않을 때조차 그 사람의 의식의 흐름은 멈추지 않는다는 사실을 인식한다는 것이다.

마음 이론의 대표적인 연구자 존 플라벨John Flavell은 3~8세의 아이와 청소년을 대상으로 이 개념을 연구했다.[17] 이 연구에서 두 명의 실험자는 먼저 참가자들에게 자신들 중 한 명이 자고 있을 때 자고 있는 사람의 마음은 텅 비어 있지만(텅 빈 생각 풍선을 보여줌), 학교에 가는 도중에는 마음이 생각으로 가득 찬다('*' 표시 혹은 '생각'이라는 단어가 든 생각 풍선을 보여줌)고 설명했다. 그러고 나서 실험자가 앉아서 기다리거나 그림을 보거나 문제를 푸는 동안 실험자가 생각을 하는지 안 하는지 참가자에게 표시해달라고 요청했다. 연구원들은 일반적으로 미취학 어린이들은 마음이 항상 생각으로 가득 차 있다는 '의식의 흐름'을 아직 완전히 이해하지 못했지만, 아이가 점차 나이를 먹으면서 누군가가 뭔가를 기다리거나 빈둥빈둥 앉아 있을 때조차 그들의 마음은 생각으로 가득 차 있다는 사실을 이해한다는 것을 알아냈다.

아이가 사람마다 자신과 비슷하거나 다른 생각을 가진다는 개념을 완전히 이해하기까지는 오랜 시간이 걸린다. 그리고 이 개념을 이해하기 전까지는 우리 모두의 마음은 생각으로 가득 차 있으며, 우리 마음을 다른 사람들에게 숨길 수 있다는 것을 알지 못한다.

이제, 당신의 여덟 살 난 아이가 열이 나서 이번 주에 3일이나 결석했는데도 토요일에 가장 친한 친구네 집에서 자고 싶어 당신과 논쟁을 벌이게 된다면 아이의 마음 이론 발달을 생각하자. 논쟁이 지나치게 격렬해지고 아이가 "엄마, 엄마한테 엄마 생각이 있듯, 저한테도 제 생각이 있어요. 왜 제가 항상 엄마 생각을 따라야 해요?"라고 말할 때, 아이의 마음 이론을 헤아려보자. 이렇게 말하는 아이가 못마땅해서 당신 어깨에 잔뜩 힘이 들어가고 입술을 삐죽거리게 될 때, 즉각 반응하기 전에 잠시 멈추고 논쟁 너머를 바라보자. 아이의 마음 이론 발달이라는 놀라운 여정이 어떻게 시작되었는지, 아이의 마음 이론이 지금 어디쯤 와 있는지를 생각해보는 것이다.

계속 발달하고 확장되는 마음 이론

이 장에서는 아이의 마음 이론 발달에 관해 살펴보았다. 아이의 마음 이론 발달은 영아기에 시작돼 평생에 걸쳐 계속 확장된다. 아이가 영아기에 당신의 웃는 표정 혹은 찡그린 표정에 어떻게 반응하는지 살펴보자. 아이는 말로 의사소통할 수 있기 전까지는 이러한 반응을 통해 당신과 사회적인 상호작용을 한다. 아이가 걷고 말하기 시작하면, 사람들의 목표 지향적 행동과 의도에 주의를 기울인다. 또 이 무렵(두 돌쯤)에 아이는 사람마다 다른 것을 좋아할 수도 있다는 것("나는 젤리빈을 좋아하지만, 엄마는 초콜릿을 좋아해")을 이해하기 시작하며, 이는 조망 수용 기술의 토대이자 정서 지능 발달의 핵심이 된다.

아이의 조망 수용 기술은 유치원 시기에 사람마다 믿음이 서로 다를 수 있으며 사람들의 믿음이 그 사람은 물론 다른 사람의 행동에 영향을 미친다는 사실을 이해하게 되면서, 계속 발달한다. 마음 이론 발달의 중요한 이정표는 아이가 유치원 시기에 틀린 믿음을 이해하는 것이다.

아이가 학교 입학이라는 중대한 전환을 겪으면서 아이의 마음 이론은 계속 발달한다. 이제 아이는 사람들이 똑같은 상황에서도 서로 다른 생각과 믿음을 가질 수 있고, 마음에는 켰다 껐다 하는 스위치가 없으며, 의식의 흐름은 계속된다는 사실을 이해하기 시작한다.

아이의 마음 이론 발달은 언어 발달을 비롯해 다른 많은 영역의 발달과 함께 이루어진다. 마음은 언어 없이 발달할 수 없고, 언어는 경험과 상호작용 없이 발달할 수 없다. 다음 장에서는 아이의 사회성과 정서 지능의 발달을 돕는 의사소통 능력과 언어 능력의 발달을 장려하는 방법을 살펴보자.

우리는 지금까지 연속선상에서 끊임없이 발달하는 마음 이론을 알아보았다. 이제 이를 바탕으로 아이가 자기 생각, 감정, 믿음, 욕구를 다른 사람과의 관계 속에서 배워나가는 과정을 살펴보자. 이러한 마음 이론은 아이들이 다른 사람의 관점에서 생각할 줄 알게 되면서 발달한다. 그러나 아이의 마음 이론만 따로 고립되어 발달하는 것은 아니다. 마음 이론은 문화와 동정심에 영향을 받을 뿐 아니라, 언어 발달, 실행 기능과 같은 다른 인지 영역을 강화하기도 한다. 그리고 이 모든 요소는 아이의 사회적·정서적 발달을 돕는다. 계속 발달하고 있는 아이의 마음속으로 한 걸음 더 들어가 아이의 나이에 알맞게 정서 지능 발달을 돕는 방법을 알아보자.

1부

아이의
세 가지 핵심 발달을
장려하라

2 장

언어를 통해
아이의 사회성을 기르자

세 살인 시에라는 '주의 산만'이란 단어가 무슨 뜻인지도 모르면서 말하기를 좋아했다. 그래서 여러 문맥에서 이 단어를 사용했다. 어느 날 오후, 시에라는 엄마가 자기를 잡아주길 바라며 놀이터에서 이리저리 뛰어다녔다. 그리고 엄마한테 "자, 날 주의 산만하게 해봐!"라고 외쳤다.

내가 수십 년 전 중국으로 이주했을 당시, 난 하루아침에 말을 처음 배우는 어린아이가 된 기분이 들었다. 그때 언어를 배우는 경험은 재미와 좌절 둘 다 될 수 있다는 사실을 깨달았다. 나도 시에라처럼 매일매일 많은 시간을 틀린 문맥에서 단어를 사용하며 보냈다. 나는 가게 점원에게 샤워 커튼을 커튼 봉에 고정하는 샤워 커튼 링을 중국어로 뭐라고 말해야 할지 몰랐다. 그래서 내 욕실은 두 달 내내 세면대, 세면대 주변, 바닥 할 것 없이 온통 물바다였다.

당시 나는 필요한 모든 물건이 내 눈에 보이는 곳에 있기를 바랐다. 아이가 원하는 물건의 이름을 모를 때 그러는 것처럼, 그냥 그 물건을 가리키며 "이거요"라고만 말하면 되도록 말이다. 안타깝게도, 샤워 커튼 링은 어디에서도 찾을 수 없었다. 나는 제한된 어휘로 사람들에게 내가 원하는 게 뭔지 말하려고 노력했지만, 누구도 이해하지 못했다.

나는 커튼 링을 설명하려는 시도가 실패할 때마다 화가 났다.

가게 점원들은 내가 무슨 말을 하는지 이해하려고 최선을 다했지만, 나는 어쩔 수 없이 빈손으로 가게를 나올 수밖에 없었고 그때마다 짜증이 났다. 못 쓰게 된 샤워 커튼이 구석에 처박힌, 차갑고 축축한 욕실은 필요한 것을 제대로 말하지 못하는 내 무능함을 여실히 드러냈다. 이처럼 말하기 능력 없이는 사람들에게 내 의사를 전달하기가 어렵다. 이와 똑같은 상황에서 어린아이가 느낄 좌절감을 상상해보자.

영아에게는 언어가 그저 소리에 불과하듯, 내게는 중국어가 무의미한 소리의 속사포처럼 느껴졌다. 주변 사람들은 다 이해하는데 나만 이해 못하는 것 같았다. 나는 중국어를 주의 깊게 들으려고 집중하거나 중국어로 내 의사를 전달하려 애쓰는 데 점점 지쳐갔다. 아이들도 이와 똑같은 경험을 한다. 즉, 당신 아이도 온종일 알아듣지 못하는 언어를 처리하고 이해하느라 진이 빠진다.

언어를 통한 의사소통은 우리와 다른 사람을 연결해주는 다리 역할을 한다. 따라서 의사소통 능력은 사회성과 정서 지능 발달에 대단히 중요한 역할을 한다. 아이들은 가족, 친척, 친구, 보호자, 심지어 낯선 사람에게서도 의사소통 방법을 배운다. 하지만 아이의 발달 초기에는 부모의 질문, 어조, 몸짓이 무엇보다 큰 영향을 미친다. 아이는 부모인 당신이 어떤 언어를 쓰는지, 당신이 다른 사람과 어떻게 상호작용하는지, 당신의 말과 행동이 일치하는지 주의 깊게 살핀다. 당신은 매우 중요한 방식으로 아이에게 긍정적인 의사소통을 모델링하고 있는 것이다.

언어는 언어 단위인 단어로 이루어진 복잡한 시스템으로, 단어를 무한한 방법으로 조합해 다양한 문장을 만들 수 있다. 아이는 놀랍게도, 비교적 수월하게 그리고 종종 매우 신이 나서 언어의 기본 구조를 익히고 그 구조를 사용해서 의사소통한다. 아이가 즐겁게 옹알이하거나 끝도 없이 "왜?"라는 질문을 쏟아냈던 때를 떠올려보자.

내가 베이징에서 산 지 9개월쯤 되자, 비로소 중국어 소리가 이해되기 시작했다. 어느 날 체육관 탈의실에 있는데, '양말', '반바지', '달리다'와 같은 명사와 동사가 들리기 시작했다. 그 순간, 모든 것이 변했다. 나는 더 이상 내가 사는 세상의 관찰자가 아니라, 참여자가 된 것이다. 나는 단어들을 이해하고 소리 내어 말할 수 있게 됐다. 아이의 말문이 트이기 시작한 순간, 아이 눈에 비친 세상은 어떻게 변했을까?

대부분의 아이는 돌 무렵에 처음으로 단어를 말하기 시작하고, 세 살이 되면 완벽한 문장을 구사하기 시작하며 질문도 할 수 있게 된다. 아이의 의사소통 능력과 언어 능력을 발달시키려면, 부모의 인내심과 이해, 시간, 그리고 사랑이 필요하다. 하지만 놀이터에서 이리저리 뛰어다니던 시에라와 중국에서 지내던 나처럼, 당신의 아이는 다른 사람에게서도 언어를 배울 것이며 때때로 뜻도 모르는 단어들을 말하곤 할 것이다. 당신은 아이의 어휘 발달을 돕는 과정에서 아이가 말할 내용과 말하는 방법을 점차 다듬어나가는 모습을 보게 될 것이다.

이 장에서 제시하는 사례와 연구를 통해 아이가 말하기와 의사소통을 배우는 과정을 이해하고, 아이의 사회성과 정서 지능 발달에 도움이 되는 의사소통 능력을 효과적으로 발달시키는 방법을 알아보자.

언어의 소리

아이는 영아기부터 가정과 지역 사회에서 사용되는 언어를 배우기 시작한다. 아기들이 무슨 소리를 듣는지와 어떻게 언어를 배우는지는 수년간 발달 심리학과 언어학 연구의 초점이 되어왔다. 심리학자, 신경과학자, 언어학자들이 어린아이가 어떻게 언어를 (때로는 2개 국어나 3개 국어를 동시에) 습득하는지 알아내는데 큰 성과를 거두긴 했지만, 어린아이가 어떻게 그렇게 쉽고 빠르게 언어를 배우는지, 그 복잡한 수수께끼는 아직 풀지 못했다.

아이가 언어를 배우려면 우선 구어에서 사용되는 소리를 숙달해야 한다. 전 세계의 언어는 대략 600개의 자음과 200개의 모음으로 구성되어 있지만, 각각의 언어는 약 40개의 음소만을 사용한다.[18] 그렇다면 영아들은 어떤 소리가 모국어 소리인지 어떻게 아는 걸까? 심리학자 패트리샤 쿨Patricia Kuhl과 그녀의 동료들이 실시한 연구에 따르면, 모든 아기는 '세계 시민citizens of the world'으로 태어난다. 즉, 아기들은 전 세계 모든 언어의 모든 소리를 다 구별해낼 수 있다.[19] 하지만 아기가 생후 10개월 정도 되면, '특정 문화에 속한 청자culture-bound listeners'가 되어 어른들처럼 모국어 소리만 구별할 수 있게 된다. 쿨과 그녀의 연구팀은 미국과 일본의 영아들을 대상으로 'ra'와 'la' 소리를 구별하도록 하는 실험을 했다(이 두 소리는 영어에서는 중요하지만, 일본어에서는 중요하지 않다).[20] 생후 6~8개월 사이의 미국과 일본의 아기들은 모두 이 두 소리를 잘 구별해냈다. 하지만 두 달 후에, 미국 아기들은 'ra'와 'la' 소리를 더 잘 구별하게 된 반면 일본 아기들은 잘 구별하지 못하게 되었다. 쿨의 연구는 아기들이 돌이 되기 전에 모든 언어의 소리를 구별해내는 능력을 잃는다는 사실을 보여준다.

영아는 불과 몇 달 만에 그들이 듣는 소리를 발화하기 시작한다. 그 소리는 곧 단어가 되고 문장이 되며, 아이는 어느새 말을 하기 시작한다. 생각해보면, 언어 습득의 핵심은 듣기다. 자, 아기들이 하는 것처럼 사람들이 하는 말을 무슨 단어인지 상관하지 말고 들어보자. 당신이 이해하지 못하는 외국어를 듣고 있다고 가정하고, 모든 세부 사항에 주의를 기울여서 단어의 의미를 추론하려고 노력해보자. 화자가 어디를 보고 있는가? 어떤 손짓 혹은 몸짓을 사용하고 있는가? 화자의 어조나 발화 속도, 억양은 어떤 메시지를 전달하는가? 화자의 표정은 어떤가? 화자가 어떻게 자신의 필요와 욕구를 표현하는지에 완전히 집중하면, 화자가 말하는 단어의 뜻을 몰라도 그가 전달하려는 메시지를 얼마나 많이 알아낼 수 있는지 주목하자.

아이가 언어 발달 초기에 발화하는 언어를 듣고 관찰하면서 다음 질문을 생각해보자.

- 아이가 어떤 소리를 숙달했으며 지금은 어떤 소리를 연습하고 있는가?
- 아이가 언어에 호기심을 보이는가? 그것을 당신이 어떻게 알 수 있는가?
- 아이가 언어 이외에 어떤 다른 방식으로 당신과 의사소통하는가?
- 아이가 말하려는 것을 당신이 이해 못하면 아이가 어떻게 하는가?

말문이 트이기 전 아기들은 자기가 의사소통을 못한다는 사실에 좌절을 느끼는 경우가 흔하다. 이런 상황이 발생하면, 침착하게 퍼즐을 풀 듯 접근해보자. 먼저 아이가 필요한 것을 가리키도록 하거나 필요한 것이 있는 쪽으로 가도록 하자. 그러고 나서 아이의 시선을 따라가 아이가 전하려는 메시지를 알아내려고 노력하고, 동시에 "초록색 컵을 원하니? 아니면 보라색 그릇을 원하니?"와 같은 말을 아이에게 많이 해주자.

아이의 언어가 폭발하기 시작한다

　당신은 아이의 말문이 트이기 한참 전부터 아이가 "그 블록을 바구니에 넣어줄래?"와 같은 부모 요청에 반응하기 시작했다는 것을 알아챘을 것이다. 이것은 다른 사람의 말과 표현을 이해하는 수용 언어receptive language와 자기 생각을 표현하기 위해 단어와 구를 사용하는 표현 언어expressive language 사이의 격차를 보여준다. 앞서 언급했듯이, 대부분의 아이는 생후 약 12개월이 되어야 말을 하기 시작한다. 하지만 여러 연구 결과는 아이가 생후 6~9개월 경부터 단어와 사물이 연관되어 있음을 이해한다는 사실을 보여준다.[21] 따라서 당신이 "사과가 어디에 있지?"라고 물을 때 아기가 말로 대답하지 못하더라도 당신이 하는 말의 일부는 이해하고 있다. 가령, '사과'가 자기 앞에 놓여 있는 빨갛고 둥근 물체를 가리킨다는 것을 안다. 아기는 이 지식을 사용해 언어 능력을 계속 발달시킨다.

아기들이 첫 돌이 될 때까지 말을 시작하지 않는다면, 연구자들은 아기들이 어떻게 언어를 배우기 시작하는지를 어떤 방법으로 연구하는 걸까? 아기에게 "이 두 소리의 차이를 알겠니?"라고 물어본다 한들 얻는 게 별로 없을 것이다. 따라서 연구자들은 아기들이 무엇을 이해하고 무엇을 이해하지 못하는지 알아내기 위해 아기의 머릿속을 연구하는 실험을 설계할 때 정말 창의적인 방법을 고안해야 한다. 우리가 아기들이 무슨 생각을 하는지, 더 구체적으로는 아기가 방금 들은 소리와 새로운 소리의 차이를 인지하는지 파악할 수 있는 한 가지 방법은 아기가 새로운 소리가 나는 쪽으로 고개를 돌리는지 살펴보는 것이다. 아기도 어른들처럼 똑같은 소리를 듣는 것에 싫증을 느끼고 뭔가 새로운 소리를 들으면 '귀를 쫑긋' 세우며 집중하는 성향이 있기 때문이다.

이러한 성향을 아이와의 상호작용에 이용할 수 있다. 당신이 아무리 하지 말라고 말해도 아이가 계속 음식을 바닥에 떨어뜨린다면, 말하는 방법을 바꿔보자. 아이가 당신 말에 좀 더 주의를 기울이도록 어조를 바꿔보거나 새로운 명사나 동사를 사용해서 말하는 것이다. 예를 들어, "음식을 바닥에 그만 떨어뜨려"라고 말하는 대신 "달콤한 옥수수가 알알이 우리 아기 입속으로 들어가요. 씹어요, 꼭꼭꼭. 엄마 한 알, 우리 아기 한 알"이라고 말할수 있다. 이렇게 말하면 아기가 듣기에 재미있을 뿐 아니라 새로운 문맥에서 단어를 배울 수도 있고, 반복되는 말을 주의 깊게 들으며, 각운도 느낄 수 있다. 즉, 아기가 온갖 방법으로 언어를 가지고 놀 수 있는 것이다.

똑같은 단어를 다양한 문맥에서 사용하면(아이 셔츠에 그려진 오렌지색 호박, 아이가 점심때 먹은 오렌지 조각처럼 '오렌지'라는 단어를 여러 문맥에서 사용할 수 있다) 아이는 한 단어가 여러 가지 의미와 기능을 가진다는 것을 배울 수 있다. 같은 단어를 계속 반복해서 말해주면 아이가 지루해할 수도 있지만, 연구에 따르면 부모가 영아에게 단어들을 더 자주 반복해서 말하면 아이가 자라서 걸음마 할 때쯤 다른 아이보다 더 뛰어난 언어 능력을 갖추게 된다고 한다.[22]

각운은 듣기에도 재미있고 소리가 어떻게 단어로 만들어지는지 배우는 데도 도움이 된다. 1장에서 언급한 멜조프의 연구에서 살펴봤듯이, 생후 18개월경의 영아는 다른 사람의 의도를 이해하고 해석하기 시작한다.[23] 즉, 아이는 단어가 사용되는 사회적 맥락에 주의를 기울인다. 멜조프의 연구는 많은 아이가 '어휘 폭발기vocabulary spurt' 혹은 '이름 붙이기 폭발기naming explosion'라고 불리는 시기에, 화자의 시선과 화자가 이름 붙이는 행동 사이의 상관

관계를 이용해 새로운 사물의 이름을 배운다는 사실을 보여준다. 대부분의 아이는 생후 약 18개월경에 어휘가 급격히 발달하며, 매주 새로운 단어를 10~20개 정도 배운다.[24]

다음은 아이의 어휘 학습이 진행되는 한 예다. 생후 15개월인 록산느는 쉴 새 없이 재잘거렸다. 록산느가 확실히 구별할 수 있을 정도로 습득한 단어는 아직 몇 개 안 됐지만, 아이는 그 단어들을 사용해 주변에 관해 더 많이 배웠다. 록산느는 뭔가 만지고 싶은 게 생기면, 그것을 똑바로 바라보고 가리키며 "더!"라고 외치곤 했다. 만일 엄마가 그 물건을 록산느의 손에 즉시 쥐여주지 않으면, 록산느는 엄마가 자기에게 집중하고 있는지 확인하려고 뒤를 돌아봤다. 그러고 나서 다시 그 물건을 바라보고 계속 가리키며 점점 더 크게 "더!"라고 외쳤다. 록산느가 일단 그 물건을 손에 쥐면, 그것을 잡고 "이거?"라고 물으며 엄마가 물건의 이름을 말해주기를 기다렸다.

심리학자인 데어 볼드윈Dare Baldwin의 연구에 따르면, 18개월 된 영아들은 단어의 의미를 파악할 때 성인의 주의 집중을 단서로 활용한다.[25] 이 연구에서는 영아들에게 두 개의 새로운 물건이 두 개의 양동이에 각각 따로 담겨 있는 모습을 보여줬다. 그 후, 성인 실험자가 한 양동이 속을 엿보고는 "이 안에 블리켓(실험을 위해 사용한 단어_역주)이 있네"라고 말했다. 그러고 나서 그 성인이 양동이에서 두 물건을 모두 꺼내 영아에게 줬다. 그런 다음 아이에게 '블리켓'을 달라고 하면, 대부분의 아이는 성인 실험자가 블리켓이라는 이름을 말하며 들여다봤던 양동이 속 물건을 집었다. 이를 통해 당신의 아이가 말을 할 수 있기도 전에 당신이 물건에 이름을 붙이는 과정을 보며 언어를 배운다는 사실을 알 수 있다.

이 연구를 통해 아이가 아직 말을 할 줄 몰라 당신 말을 알아들을 수 없다는 생각이 들 때조차 아이에게 계속 말을 해야 한다는 것을 알 수 있다. 아이가 당신이 말할 때 주의를 집중하며 꽤 많이 알아듣기 때문이다. 주변에 보이는 것들에 이름을 붙이고("큰 날개가 달린 파랑새가 보이네"), 저녁밥 짓는 과정을 설명해주며("이제 냄비에 파스타를 넣을 거야"), 아이가 목욕할 때 노래를 불러주자. 아이는 당신이 생각하는 것보다 훨씬 더 많이 알아들을 수 있으므로, 아이와 대화할 수 있는 모든 기회를 이용하자. 그리고 단어를 현명하게 사용하도록 하자.

아이의 감정 어휘를 발달시키는 효과적 방법

아이의 어휘 발달, 특히 사회성과 정서 지능 영역과 관련한 감정 어휘 발달에 도움이 되는 방법이 무수히 많다. 그중 몇 가지 방법을 살펴보도록 하자.

아이와 감정에 관해 이야기하자

아이의 어휘가 폭발하기 시작하면, 아이와의 소통도 본격적으로 시작된다. 아이는 주변 세계를 만지고, 맛보고, 보고, 듣는 직접 경험을 통해 언어를 발달시켜왔으며, 앞으로도 같은 방식으로 언어를 발달시켜나갈 것이다. 그리고 당신이 아이가 탐색하는 것에 이름을 붙이고 설명해주면, 아이는 경청할 것이다.

다양한 상황에서 아이와 감정에 관해 이야기하면, 아이의 감정 어휘를 확장해 사회성과 정서 지능을 발달시킬 수 있다. 예를 들어, 당신과 아이가 놀이터에서 다른 아이가 울면서 떼쓰는 광경을 보게 된다면, 이를 이용해 차분한 상태에서 감정에 관해 이야기할 수 있다.

세 살인 피터는 어느 날 오후 놀이터에서 간식을 먹다가, 어떤 아이가 그네에 앉아 자기 엄마한테 빨리 와서 그네를 밀어달라고 고래고래 소리 지르며 울고 있는 광경을 봤다. 피터의 아빠는 피터가 그 아이를 유심히 관찰하는 것을 보고, 이 순간을 피터와 감정에 관해 이야기하는 기회로 삼았다. 아빠는 피터와 함께 놀이터에서 보고 들은 것을 묘사하며 대화를 시작했다.

"저 친구는 울며불며 발길질하고, 팔을 마구 휘두르고 있네."

그러고 나서 아빠는 피터에게 그 아이의 감정을 파악해보게 했다.

"저 친구는 지금 기분이 어떨까?"

"슬퍼요."

피터가 곧바로 대답하자, 아빠가 연이어 물었다.

"왜 저 친구가 슬퍼한다고 생각하니?"

이 질문에도 피터가 매우 자신 있게 대답하자, 아빠는 한 단계 더 나아가 그 아이의 상황을 피터 자신에게 적용해보게 했다.

1부 아이의 세 가지 핵심 발달을 장려하라

"저 친구가 자기가 원하는 걸 엄마에게 다른 방식으로 말한다면, 어떻게 말할 수 있을까? 만일 피터도 아빠가 그네를 밀어줄 때까지 기다려야 한다면, 어떻게 할래?"

피터는 곰곰이 생각하더니 좋은 생각이 떠올랐다는 듯 이렇게 말했다.

"아, 어떻게 할지 알겠어요! 이렇게 할 수 있어요!"

피터는 간식을 내려놓고 그네로 걸어가, 그네 위에 배를 깔고 엎드려 다리를 앞뒤로 구르며 혼자 그네를 타기 시작했다.

피터 아빠의 육아 방식이 바람직하다는 것을 뒷받침하는 연구가 있다. 이 연구에 따르면, 부모가 아이와 감정에 관해 이야기하는지 안 하는지는 아이의 감정 능력, 즉 자기감정을 표현하고 조절하며 타인의 감정을 인식하는 능력의 발달을 예측하는 주요 척도다.[26] 책이나 영화 속 인물의 감정, 당신 자신의 감정, 놀이터에서 본 아이의 감정 등 당신이 하루 동안 마주치는 감정에 이름을 붙이는 연습을 하자. 어떤 감정인지 파악하는 것뿐만 아니라, 다음처럼 감정을 어떻게 파악하는지 그 방법을 이야기하는 것도 중요하다.

"네가 얼굴을 찌푸리면서 어깨에 잔뜩 힘이 들어가고 내게 주먹을 휘두르는 걸 보니, 화가 많이 났구나."

당연히, 행복이나 감사와 같은 긍정적 감정보다 슬픔이나 분노와 같은 부정적 감정이 아이와 이야기하기 더 어렵다. 하지만 부정적 감정에 관해 이야기하는 것은 긍정적 감정에 관해 이야기하는 것 못지않게 중요하다. 부정적 감정에 관해 이야기하면, 아이가 부정적 감정의 원인과 부정적 감정을 표현하는 방법을 알 수 있다.[27] 당신은 아이가 슈퍼마켓에서 짜증을 내며 생떼를 쓰는 순간에 아이가 무엇 때문에 짜증이 나는지 대화하고 싶지 않을 것이다. 하지만 집에 돌아와서 혹은 다음 날이라도 아이가 차분해진 상태에서 떼를 썼던 순간에 어떤 감정을 느꼈는지 이야기하면 아이가 그 감정들을 잘 처리할 수 있으며 나중에도 그 감정을 더 잘 인식할 수 있다. 또 책 속 등장인물이 화가 난 뒤 마음을 가라앉히기 위해 혼자만의 조용한 시간이 필요했던 점을 언급하는 등 힘든 감정을 다루는 방법에 관해 이야기하는 것도 도움이 된다. 아이와 이런 대화를 할 때, 당신 혼자만 말하지 않도록 하자. 아이에게도 의견을 내거나 질문할 기회를 많이 주자. 8장에서는 아이와 감정적 반응에 관해 대화할 때 도움이 되는 전략들을 좀 더 살펴볼 것이다.

이야기하는 시간과 조용히 있는 시간 사이의 균형을 찾자

아이와 아이의 행동에 관해 이야기하는 것이 대단히 유익하긴 하지만, 부모가 아이에게 소리 내어 이야기하는 시간과 아무

말 하지 않고 조용히 있는 시간 사이에 알맞은 균형을 찾는 것도 중요하다. 아이들이 자기 행동을 말로 어떻게 설명할지 스스로 생각하려면, 조용히 자기 행동의 원인과 결과를 관찰하며 탐구할 시간이 필요하다. 아주 어린 아이들도 침묵을 통해 자신의 관심과 흥미를 주도적으로 보여줄 시간적, 공간적 여유를 가지게 되며, 뭔가 새로운 것을 시도할 기회도 얻는다. 따라서 아이가 자기 주도적으로 조용한 시간을 가지면, 어른이 "자, 다음엔 이걸 해보자"라고 말하지 않아도 아이 스스로 놀 수 있다. 아이는 그동안 창의력과 상상력을 발휘할 수 있으며 의사 결정 능력과 문제 해결 능력 또한 기를 수 있다. 이러한 능력은 모두 자기감정을 인식하고 조절하는 능력을 발달시키는 데 매우 중요한 요소다.

샘의 부모인 메그와 오스틴은 이야기하는 시간과 조용히 있는 시간 사이의 균형을 놓고 언쟁을 벌이곤 했다. 메그는 천성적으로 말수가 적은 편이라 생후 18개월 된 샘에게도 말을 많이 하지 않았다. 그녀는 샘을 돌보는 걸 좋아했으며, 샘에게 적당히 엄격하면서도 부드러운 미소와 밝은 웃음을 지어 보였다. 하지만 오스틴은 메그와 정반대였다. 오스틴은 수다스러운 편이고, 누구와도 대화를 나눌 수 있었으며, 샘이 하는 모든 동작을 하나하나 설명하는 걸 좋아했다. 메그는 이런 오스틴의 반응이 너무 숨막힌다고 느꼈고, 오스틴은 메그가 샘에게 말을 충분히 하지 않아서 샘의 언어 발달을 지체시킨다고 생각했다. 하지만 오스틴과 메그는 오랜 시간 서로를 이해하려고 노력한 끝에 서로의 양육 방식을 존중하게 되었고, 아이와 상호작용할 때 소리 내어 이야기하는 시간과 조용히 있는 시간의 균형을 찾는 게 중요하다는 사실을 깨달았다. 오스틴은 샘을 더 많이 경청하고 관찰하려했다. 메그는 샘에게 책을 더 많이 읽어주면서 샘의 어휘를 발달시키려고 노력했다. 책을 많이 읽어주니 샘에게 말을 많이 하려고 억지로 애쓸 필요도 없었다. 또 일상적인 상호작용에서는 샘이 자주 들을 수 없는 어휘, 가령 '섬세한', '흡족한', '진기한'과 같은 어휘를 책을 통해 의도적으로 알려줄 수 있었다.

감정 어휘 발달에 적합한 이야기를 읽어주자

유아를 대상으로 실시한 한 연구에 따르면, 아이와 함께 책을 읽으면서 감정에 관해 이야기하면 추운 사람에게 담요를 가져다주는 것과 같이 남을 도와주는 행동을 장려할 수 있다.[28] 즉, 아이의 감정 어휘를 발달시키고 타인을 공감하며 도와주려는 성향을 기를 수 있다. 등장인물 간 관계를 보여주며 등장인물이 느끼는 감정을 묘사하는 이야기를 찾아보자. 이야기에서 감정에 관해 명확히 언급하는 부분이 없더라도 아이에게 등장인물에 관해 질문할 수 있다. 등장인물이 어떤 감정을 느끼는지 이야기해보고, 등장인물의 세계와 아이의 세계를 비교해보며, 삽화를 이용해 인물의 표정이 어떤 감정을 보여주는지도 이야기해보자. 예를 들어, 이야기에서 어떤 등장인물이 점심 도시락을 도둑맞았다면 "이 등장인물은 지금 어떤 기분이 들까?" 혹은 "뭐라고 얘기해주면 등장인물의 기분이 좀 나아질까?"라고 아이에게 물어볼 수 있다. "이런 일이 네게 일어난다면, 어떤 기분이 들 것 같니? 너라면 이 상황에서 어떻게 하겠니?"라고 질문해서 아이가 이야기 속 등장인물이 되었다고 상상해보도록 하자. 아이가 이야기를 잘 이해했는지 확인하고, 당신은 이 이야기를 어떻게 이해했는지 아이와 공유하자. 이야기를 읽고 어떤 감정을 느꼈는지, 왜 그런 감정을 느꼈는지 아이에게 이야기해보는 것이다. 아이는 다른 사람들의 말을 경청하면서 언어를 배우기 때문에, 이런 활동은 아이가 말을 시작하기 전이나 이제 막 말을 시작해 아직 제한된 어휘를 구사하는 시기에도 할 수 있다.

아이가 (사람들이 좌절할 때 미간을 찌푸리며 양쪽 입꼬리를 아래로 내리는 것과 같은) 몸짓언어를 보고 그 사람의 감정을 파악하도록 유도할 수도 있다. 아이와 함께 TV나 핸드폰에서 사람들을 볼 때 "이 사람은 기분이 어떨까?", "어떻게 알아?", "이 사람의 어떤 몸짓을 보고 그렇게 생각한 거니?"라고 질문해보자.

이야기책은 이야기라는 장르가 지닌 강력한 힘이 있으며, 관련 경험을 다른 사람과 공유할 수 있다는 장점도 있다. 아이는 이야기를 들으며 여러 생각을 한데 모아 말로 표현하는 방법을 배운다. 또 평가하고 추론하는 방법도 배우게 되는데, 이는 정확한 의사소통과 감정 인식을 위해 꼭 필요한 능력이다. 아이가 잠자리에 들 시간에 부모가 책을 읽어주는 것과 거의 같은 방식으로 학교나 어린이집, 유치원에서도 아이들에게 책을 읽어준다. 이렇게 이야기책을 그룹으로 함께 읽은 후 대화하면, 아이들은 종종 자기 경험을 친구들과 공유하며 자기와 친구의 공통점을 발견하기도 한다.

한번은 우리 반 아이들에게 헨젤과 그레텔 이야기를 읽어준 적이 있다. 네 살인 조셉은 신발 가게에서 길을 잃고 엄마가 자기를 버리고 간 줄 알았을 때 자기가 마치 헨젤과 그레텔이 된 것 같았다고 반 친구들에게 열심히 얘기했다.

"나는 너무 많이 울어서 엄청 더웠어! 바로 그때 우리 엄마가 나타났어."

역시 네 살인 에마는 조셉의 경험에 특히 더 공감했다.

"나도 울면 더워져!"

에마는 조셉의 경험이 헨젤과 그레텔의 경험과 얼마나 비슷한지 알고 싶었다.

"마녀가 너한테 과자랑 사탕도 줬어?"

"아니. 난 마녀가 과자를 줘도 안 받을 거야. 난 마녀를 물리칠 거야." 조셉이 재빨리 대답했다.

"넌 정말 용감하구나, 조셉." 에마가 웃으며 말했다.

"그럼!" 조셉이 대답했다.

1부 아이의 세 가지 핵심 발달을 장려하라

다른 아이들도 조섭이 용감하다는 에마의 추론에 동의했다. 아이들은 뒤이어 용감함을 주제로 토의했다. 용감한 사람은 어떤 특징이 있는지, 용감한 사람도 무서움을 느낄지 이야기했다. 토의가 끝난 뒤, 아이들은 용감한 행동을 주제로 가상 놀이를 했다. 나는 헨젤과 그레텔 이야기와 조섭, 에마의 조합이 이런 활동으로 이어질 줄은 전혀 예상하지 못했다.

아이가 아직 말을 못 하더라도, 책을 읽어주는 활동은 아이의 두뇌와 언어의 발달에 도움이 된다. 앞서 언급했듯이, 아이는 말문이 트이기 훨씬 전부터 말을 알아들을 수 있다. 아이가 말을 할 줄 안다면, 아이는 자기가 좋아하는 이야기를 계속 들려달라고 할 것이다. 당신은 똑같은 이야기를 반복해서 읽어주는 것에 싫증을 느낄 수도 있지만, 아이는 똑같은 이야기를 반복해서 들으며 이야기에 나오는 단어들을 숙달하려고 노력하고, 등장인물 간의 사회적 상호작용을 유심히 살피며, 삽화를 통해 언어를 문맥 속에서 이해한다는 사실을 명심하자. 이러한 반복이 아이의 언어 발달에는 매우 유익하다. 아이가 알고, 이해하며, 숙달하는 단어 수가 많아질수록 자기 생각을 더 수월하게 표현할 수 있다.

아이가 걷기 시작하고 유치원에 다니는 시기는 아이와 대화하고, 책 읽고, 같이 놀며 감정 어휘를 계획적으로 발달시키기에 매우 적합한 때다. 아이와 여러 가지 상황에서 상호작용할 때, 다음 질문을 고려해보자.

- 지금까지는 아이의 감정 어휘를 어떤 방법(책 읽어주기, 영화에 관해 이야기하기, 게임 하기)으로 발달시켜왔는가? 어떤 새로운 방법을 시도해볼 수 있을까?
- 아이가 어조, 손짓, 몸짓언어, 말이 의사소통에 영향을 미친다는 사실을 이해하는가?
- 어조, 손짓, 몸짓언어, 말을 사용해 아이에게 어떤 메시지를 전달하고 있는가? 그때 당신의 말뿐 아니라 어조와 손짓, 몸짓언어도 당신이 의도한 메시지를 전달했는가?

아이가 어조, 손짓, 몸짓언어, 말이 의사소통에 미치는 영향을 이해하지 못한다면 다음과 같은 게임을 해보자. 당신이 똑같은 말을 어조와 손짓, 몸짓언어를 달리해 여러 번 말하고, 아이에게 당신이 실제로 전달하려는 메시지를 맞혀보라고 하자. 예를 들어, "그럴 리가!"와 같이 간단한 말을 각각 다른 어조, 손짓, 몸짓언어를 사용해 말함으로써 놀람, 거절, 불신의 메시지를 전달해보는 것이다.

놀이는 아이의 감정 언어 능력을 발달시킨다

아이의 감정 언어를 비롯해 언어를 전반적으로 발달시키는 또 한 가지 좋은 방법은 바로 놀이 활동이다. 저녁 밥상도 차려야 하고, 밀린 빨래도 마저 해야 하며, 해야 할 일 목록에 적어둔 일도 처리해야 하는 상황에서 아이와 놀이하는 것이 어쩌면 시간 낭비처럼 느껴질 수도 있다. 하지만 아이는 놀이를 통해 배운다는 사실을 명심하자. 존경받는 아동 심리학자인 장 피아제Jean Piaget는 "새로운 것은 뭐든지 놀이를 통해 배운다"라고 했다.[29] 놀이는 아이의 감정 언어와 의사소통 능력 발달에 가장 이상적인 환경을 제공한다.

아이들은 상자로 우주선을 만들거나 동물 인형들을 위한 다과회를 준비하거나 집 안 거실을 마트로 변신시키면서 몇 시간이고 가상 놀이를 한다. 이러한 가상 놀이는 특히 어린아이들의 놀이에서 두드러지게 나타나는 특징이기 때문에 많은 연구자가 관심을 가지고 연구했다. 아이들은 가상 놀이를 할 때 누가 무슨 역할을 맡을지 계획하고, 각자 맡은 역할에 따라 행동하려고 자기를 조절하며, 가상 놀이가 전개됨에 따라 이야기에 맞춰 융통성 있게 자기 역할을 조정한다. 연구에 따르면, 가상 놀이를 자주 하는 아이들이 언어 능력, 기억력, 추론 능력 면에서 더 뛰어나며,[30, 31] 다른 사람의 생각과 믿음도 더 잘 이해할 수 있다.[32]

가상 놀이의 한 가지 독특한 특징은 아이에게 감정 조절을 연습할 기회를 제공한다는 점이다. 아이의 감정 조절 행동은 영아가 자신을 스스로 달래기 위해 손가락을 빠는 것부터 유치원생이나 초등학생이 심호흡하거나 숫자를 세는 것에 이르기까지 다양하다. 아이는 가상 놀이를 하는 동안 다른 사람이 되어 그 사람처럼 행동하면서, 다른 사람들의 관점과 감정을 더 잘 받아들이고 자기감정을 더 잘 조절할 수 있게 된다. 이렇게 유익한 가상 놀이를 아이와 함께 해보자.

아이의 가상 놀이 중 특히 유도 놀이guided play에서는 어른의 역할이 매우 중요하다. 유도 놀이에서 어른들은 아이가 스스로 학습을 통제하도록 하면서도, 놀이에 필요한 소품과 재료를 신중하

　　　　　　　　1부 아이의 세 가지 핵심 발달을 장려하라

게 골라주고 놀이하는 동안 스캐폴딩scaffolding(학습자가 현재의 학습 수준을 넘어서 다음 수준에 도달할 수 있도록 성인 또는 또래가 지원하고 돕는 활동_역주)을 제공함으로써 아이의 학습을 돕는다.[33] 이러한 유도 놀이에서 놀이를 주도하는 쪽은 아이이며, 어른은 '화난 표정과 슬픈 표정 구별하기'와 같은 학습 목표를 설정하고 아이의 놀이를 지원한다. 아이와 유도 놀이를 할 때, 다음 사항을 고려하도록 하자.

· 놀이 활동에 의도적으로 새로운 언어를 추가하고, 아이에게 다른 사람과 상호작용할 때 감정적으로 적절히 대응하는 방법을 모델링하자. 이때 아이가 놀이 상황을 통제하도록 한다.
· 놀이하는 동안 아이를 유심히 지켜보며 아이의 감정 표현력에 도움이 될 만한 어휘를 메모한 후 의도적으로 가르쳐주자. 배울 필요가 있는 감정 어휘를 생각한 후, 아이의 감정에 반응하며 설명해줄 때 이 어휘를 사용한다. 아이는 자기 수준보다 약간 높은 수준의 어휘를 이해하고 이에 반응할 수 있다.
· 놀이 중간중간 아이가 당신에게 어떻게 반응하는지, 당신 감정을 어떻게 처리하는지 유심히 살펴보자. 잠시 멈춰서 주의 깊게 관찰하고 아이의 반응을 기다려주면, 아이가 다른 사람의 감정에 어떻게 반응하는지 알 수 있다.

내 딸, 니나는 어렸을 때 극놀이dramatic play(아이가 현실에서 경험했거나 상상한 상황을 극으로 표현하는 놀이_역주)를 무척 좋아했었다. 그래서 나는 딸아이가 규칙을 정한 극놀이를 함께 하면서 아이의 감정 어휘를 발달시킬 수 있었다. 우리는 평일 저녁과 주말 아침을 가상 주방에서 보내곤 했다. 당시에 세 살이던 니나는 내게 때에 상관없이 늘 아침 식사를 서빙해줬다.

"여기 딸기 오트밀이 나왔습니다." 니나는 구슬이 가득 담긴 그릇을 건네주며 이렇게 말하곤 했다.

어느 날, 나는 실망이라는 감정과 실망감을 표현하는 언어를 모델링하기로 계획했다. 내가 아무 이유 없이 실망이라는 주제를 선택한 건 아니었다. 나는 이전 몇 주간 니나가 실망감을 표현하기 어려워하는 모습을 봐왔었다. 그래서 니나가 서빙한 오트밀에 실망한 척하며 실망감을 니나의 언어 수준보다 한 단계 높은 어휘로 표현했다.

"엄마는 딸기 오트밀을 원하지 않았어. 니나가 엄마한테 물어보지도 않고 그냥 딸기를 넣었구나. 네가 먼저 물어보지 않아서 정말 실망이야. 엄마가 딸기를 원하는지 네가 물어봤다면 좋았을 텐데. 딸기가 오트밀에 닿으면 우유 맛이 변하거든."

나는 니나에게는 생소한 '실망'이라는 단어를 반복해서 사용했다. 니나는 '슬프다'와 '화난다'라는 단어는 무슨 뜻인지 알고 사용할 줄도 알았지만, '실망하다'라는 단어는 아직 몰랐다. 나는 딸아이가 대답하길 기다렸다.

니나는 나를 빤히 바라보며, 내가 방금 한 말을 곰곰이 생각했다.

"아아." 니나는 난처해했다.

"그래, 엄마는 정말 실망했어. 엄마는 갈색 설탕을 뿌린 오트밀을 원했고, 딸기는 접시에 따로 담아주길 바랐단다."

니나는 다시 나를 쳐다보더니 구슬이 든 그릇을 집어 들었다.

"그렇게 해드릴게요, 엄마." 니나가 말하며 손으로 내 볼을 어루만졌다.

"오오, 니나야. 네가 엄마 얼굴을 어루만져주니 엄마의 실망감이 좀 가시는구나." 내가 웃으며 말했다.

니나는 이렇게 새로운 감정을 알게 되었다. 이 짧은 대화를 통해 실망감이라는 감정을 이해할 수 있는 기반이 마련된 셈이다.

아이의 감정 어휘를 발달시키려면, 당신이 모델링하는 감정에 의도적으로 이름을 붙이고 아이가 느끼는 감정에 관해 질문할 필요가 있다. 일단 아이가 새로운 감정을 알게 되면, 다음 사항을 고려하자.

· 이제 막 알게 된 새로운 감정을 불러일으킨 믿음이나 욕구가 무엇이었는지 이야기하면서 그 감정의 개념을 확장하자.

· 그 감정을 느낄 때 일어나는 신체적 반응을 설명해주자("나는 실망

감을 느끼면 갑자기 덥고 예민해져").

· 아이의 반응을 다른 말로 풀어서 다시 설명해주고, 아이 반응에 당신
이 어떤 기분이 들었는지 설명해주자.

아이와 이런 방식으로 의사소통하면 아이의 감정 어휘를 발
달시킬 수 있다. 또 생각, 믿음, 욕구가 어떤 행동과 감정으로 나
타나는지 보여줌으로써 자아 인식을 모델링할 수도 있다. 아울
러, 아이는 이 놀이가 가상이라는 것을 알기 때문에 안전하고 편
안하게 자기감정을 조절하는 연습을 할 수 있다.

사회적 맥락에서
언어 사용하기

아이의 감정 어휘를 발달시키느라 바쁜 와중에도 명심해야 할 사항이 있다. 바로 언어와 의사소통은 단순한 말 그 이상이라는 점이다. 아이가 다른 사람과 효과적으로 의사소통하려면 당신의 지도가 필요하다. 좀 더 구체적으로 말하자면, 아이가 전달하고자 하는 바를 말할 수 있도록 돕는 수단을 제공하는 동시에, 아이가 의사소통할 때 하는 말과 하지 않는 말, 말하는 방식에 주의를 기울여야 한다.

언어를 사회적 맥락에서 사용하는 것을 화용론pragmatics이라고 한다. 화용론은 대화를 시작하고, 대화 중 주제를 벗어나지 않으며, 적절한 몸짓언어와 억양을 사용하고, 누가 질문할 때 적절한 양의 정보를 제공하는 것과 같은 능력을 포함한다. 가령, 누군가 "지금 몇 시인지 아세요?"라고 물었을 때 당신이 "네"라고 대답하면 무례하고 이상하게 보일 것이다. 화용론적 관점에서는 의사소통 시 화자의 발화 의도를 이해해야 한다. 예를 들어 "그거 맛있어 보이네요"라는 말은 말하는 방식에 따라 의미가 달라질 수 있다. 공손하게 말하는 법("우유 좀 건네주시겠어요?")과 은유법("인생은 롤러코스터와 같다.")은 화용론의 또 다른 예다. 아이는 효과적으로 의사소통하기 위해 다양한 화용론적 단서를 사용하며, 시간이 지남에 따라 이러한 능력을 점점 발달시킨다.

사회적 참조: 타인의 감정 읽기

아이가 안도감을 얻기 위해 당신을 바라볼 때, 아이는 심리학자들이 사회적 참조social referencing라고 부르는 행동을 하고 있는 것이다. 아이는 당신의 표정을 보고 새로운 상황에 어떻게 대처할지 결정한다. 이처럼 영유아는 종종 보호자의 표정과 어조에 따라 다른 사람이나 새로운 상황에 어떻게 반응할지 정한다. 다음 사례를 보자.

호기심 많은 한 살짜리 루비가 마당에서 놀고 있는데 반려묘 더스티가 루비 쪽으로 다가왔다. 루비는 더스티의 꼬리를 힘껏 잡아당기려고 손을 뻗었다. 그러고 나서 엄마 쪽을 바라봤는데 엄마의 굳은 표정이 눈에 들어왔다. 루비는 더스티의 꼬리를 잡아도 안전할지에 관한 단서를 얻기 위해 엄마를 먼저 봤기 때문에 더스티의 꼬리를 잡아당기지 않았다.

연구자들은 이제 막 기어 다니기 시작한 아기들을 대상으로 사회적 참조를 연구했다. 이 연구에서는 체크무늬 테이블 위에 투명 유리판을 얹은, 일명 '시각 벼랑visual cliff'을 사용했다.[34]

테이블 중간에는 시각적으로 벼랑처럼 보이는 곳이 있는데, 실제로는 투명 유리판이 놓여 있어 아이가 안전하게 기어갈 수 있다. 이 실험에서 아이는 테이블 한쪽 끝에 있고 엄마는 반대쪽에 재미있는 장난감을 가지고 서 있다. 엄마는 연구자의 지시에 따라 아이에게 미소를 지어 보이거나 두려워하는 표정을 보여준다. 대개의 경우 아이가 엄마의 미소를 보면 벼랑을 기어서 건너지만, 엄마의 두려워하는 표정을 보면 벼랑을 건너지 않는다. 이처럼 영아는 돌 전에 이미 사회적 참조를 하기 시작하며, 아이가 좀 더 자라면 (어른이 되어서도) 사회적 참조를 사용해 애매모호한 상황을 이해한다.

내 제자 킴의 사례를 함께 살펴보자. 킴은 새로 전학을 왔는데 선생님이나 친구들과 달리, 영어를 잘하지 못했다. 킴의 이야기는 사회적 참조의 중요성과 비언어적 의사소통의 힘을 잘 보여준다.

킴은 다섯 살 때 한국에서 중국으로 이사해, 영어로 수업하는 국제학교에 다니게 되었다. 킴의 엄마, 새리는 킴이 영어를 잘하지 못해서 친구를 사귀지 못할까 봐 걱정했다. 영어를 못하는 킴이 어떻게 선생님이랑 친구들과 의사소통할 수 있을까? 새리는 언어 발달에 관한 책을 읽다가 킴의 나이 때는 몸짓언어의 개념을 이해하게 된다는 사실을 알게 되었다. 그래서 새리는 킴이 새 학교에서 선생님, 친구들과 잘 소통할 수 있도록 킴에게 다른 사람의 행동과 어조에서 많은 것을 알 수 있다고 말해주었다. 또 킴이 영어를 할 줄 몰라도, 친구와 선생님의 행동을 보면 그들의 기분을 알 수 있다고 알려주었다. 마찬가지로, 다른 사람도 킴의 행동을 보면 킴의 기분을 알 수 있기 때문에 행동에도 주의를 기울이라고 조언했다. 그리고 킴에게 반 친구 중 행복하고 편안해 보이는 친구를 찾아보라고 권했다. 그런 친구들은 킴이 영어를 못해도 좀 더 열린 마음으로 함께 놀 것 같았기 때문이다. 마지막으로 새리는 킴에게 부드럽고 기분 좋은 몸짓언어를 사용하면 친구들이 다가올 거라고 말해주었다.

드디어 첫 등교 날, 새리가 킴을 등교시키고 교실을 나서자 킴은 문간에 서서 꼼짝도 하지 않았다. 그리고 뒤를 돌아 엄마를 바라봤다. 새리의 다정하고 자신감 넘치는 미소가 킴에게 '난 널 믿어. 곧 괜찮아질 거야'라고 말해주는 듯했다. 킴은 엄마의 미소를 보자, 괜찮아졌다. 사실, 괜찮은 정도가 아니라 꽤 좋아졌다. 그 후 몇 주 동안 킴은 엄마의 조언대로 친구들을 유심히 관찰했다. 그리고 친구들의 움직임, 행동, 대화를 주의 깊게 살폈다. 킴은 거의 스님에 맞먹는 침착한 호기심으로 친구들을 지켜봤다. 또 자신의 몸짓언어와 표정에도 주의를 기울였는데, 킴의 몸짓언어와 표정은 친구들에게 중립적으로 느껴졌다. 아이들은 킴과 이야기할 수는 없었지만, 킴에게 끌렸다. 아마도 킴이 자신들을 판단하지 않는다고 느꼈기 때문일 것이다.

킴과 같은 반 친구인 지나는 이랬다저랬다 변덕이 심하고 친구들을 불편하게 하는 행동을 했다. 예를 들어, 아침에는 수잔의 가장 친한 친구가 되었다가, 오후에는 자기 파티에 수잔을 초대하지 않았다. 다른 친구들도 지나의 일관성 없는 행동에 매우 혼란스러워했다. 킴은 지나와 다른 여자애들이 상호작용하는 모습을 오랫동안 지켜봤다. 그러더니 어느 날 내게 서툰 영어로, "지나 착한 척해요"라고 조심스럽게 말했다. 킴은 지나의 몸짓언어와 말이 서로 일치하지 않음을 알아챈 것이다. 나는 킴에게 몸짓언어를 읽는 방법을 친구들과 공유해달라고 부탁했다. 킴은 반 친구들에게 몸짓언어의 중요성을 가르쳐주었다.

어느 날 방과 후에 새리가 킴을 데리러 왔을 때, 나는 새리에게 킴이 반 친구들에게 몸짓언어를 읽는 방법을 알려줬다고 말했다. 새리는 그 이야기를 듣고 무척 기뻐했다. 새리는 킴에게 몸짓언어에 관해 가르쳐줄 때 먼저 킴이 언어를 배워온 과정을 설명해준 후 새로운 기술(이 경우에는 몸짓언어)을 향상시키는 방법을 알려줬다고 했다. 그녀는 내게 아이가 5세 이상이 되면 아이의 발달 과정에 관해 명시적으로 알려주는 것이 중요하며, 아이는 자신의 발달을 스스로 관찰하고 향상하는 능력이 있음을 상기시켜주었다. 새리의 방법이 큰 효과를 거둔 이유는 바로 아이들 발달 특성상 과거에는 자신이 어땠고 앞으로는 어떻게 발전할지 아는 것을 매우 좋아하기 때문이다.

아이에게 몸짓언어를 재밌게 가르쳐줄 수 있는 한 가지 방법은 아이와 캐치볼 놀이를 하는 것이다. 우선, 아이에게 자세, 동작, 표정과 같은 몸짓언어를 통해 감정을 보여주고 기분과 생각을 전달할 수 있음을 설명해주자. 또 말을 하지 않고도 생각과 감정을 표현할 수 있으며 다른 사람도 우리의 행동을 보고 우리가 말하고자 하는 바를 알아낼 수 있음을 알려주자. 그다음, 대화는 한 사람이 상대에게 공을 전달하는 캐치볼 놀이와 비슷하며, 이때 공은 우리가 주고받는 말을 나타낸다고 설명해주자.

공을 패스할 때 아이에게 당신의 어조와 몸짓언어에 주의를 기울이라고 한 다음 얼굴을 찌푸리고, 고개는 삐딱하게 꺾고, 눈을 가늘게 뜬 채 "너랑 노니까 정말 재밌다!"라고 말하자. 당신의 표정과 몸짓은 재미없어한다고 말했는데, 말은 이와 다른 내용을 전달했다. 그다음 아이에게 당신의 말과 그 말을 한 방식이 일치했는지 물어보자.

자, 이제 아이에게 기회를 줘보자. 아이에게 공을 다시 패스하면서 당신이 한 말에 대답해보라고 한다. 이때 공은 대화에서 주고받는 말을 나타낸다는 점을 아이에게 다시 한번 상기시켜주자. 아이가 어떻게 대답하는가? 아이가 지나처럼 '착한 척'하는가? 아이의 대답을 듣고 어떤 기분이 들었는가? 어떻게 해야 어조, 몸짓언어, 말하는 내용이 조화롭게 어울릴까?

아이는 캐치볼 놀이를 통해, 메시지가 제대로 전달되려면 말과 어조, 몸짓언어가 일치해야 함을 깨달을 수 있다. 아이가 몸짓언어의 영향력을 깊이 이해할 수 있을 때까지 아이와 캐치볼 놀이를 자주 해보길 권한다. 아이가 캐치볼 놀이를 주도하게 하고, 당신이 아이가 전달하려는 감정을 파악할 수 있는지, 아이의 행동과 몸짓언어, 어조는 모두 같은 메시지를 전하고 있는지 확인해보자.

언어와 마음 이론은
동시에 서로 맞물려 발달한다

우리는 1장에서 아이의 마음 이론, 즉 아이가 마음 상태를 이해하는 능력에 관해 배웠다. 아이의 마음 이론과 언어가 동시에 서로 맞물려 발달하면, 아이는 이 두 가지를 비약적으로 발달시킬 수 있다. 아이가 생각하려면 언어가 필요하다. 마음 이론과 언어의 연계 발달을 이렇게 생각해보자. 아이는 자라면서 언어와 의사소통 능력을 사용해 다른 사람은 물론 자신에게도 자기 생각을 표현한다. 아이가 풍부한 어휘를 구사하고 의사소통을 명확히 할 줄 안다면, 과거 경험을 한결 쉽게 되돌아볼 수 있고 의도, 욕구와 같은 마음 상태를 더 쉽게 파악할 수 있으며, 자신과 타인을 더 잘 이해할 수 있다.

아이가 세 살이 되면, 일의 원인과 결과를 연결하여 이해할 수 있게 된다. 가령, 생일 케이크 촛불을 후 불면 촛불이 꺼진다는 것을 이해할 수 있다. 아이는 자신의 언어 능력을 이용해, 욕구, 감정, 행동, 결과 사이의 연관성을 이해하고 설명할 수 있게 된다. 아이의 생각에 논리가 좀 부족할 수도 있지만, 아이는 자기 생각과 추측을 당신에게 말할 수 있게 되기까지 엄청난 발전을 이뤄냈으며 이에 자부심을 느낀다.

아이가 다섯 살쯤 되면 또 한 번 비약적으로 발달한다. 아이는 언어와 생각을 통해 기억 속의 감정을 다시 느낄 수도 있음을 깨닫는다. 당신이 과거에 겪었던 가족과의 불화를 생각하면 갑자기 화가 나는 것처럼 아이도 똑같은 경험을 할 수 있다. 아이는 어제 친구가 자신이 조립한 레고 장난감이 힘세지 않다고 말한 일을 떠올리며 갑자기 그 친구에게 실망감을 느낄 수 있다.

아이가 유치원이나 어린이집에서 상급반으로 진학할 즈음에는 자기감정을 다른 사람에게 숨길 수 있음을 알게 된다. 즉, 마음속으로 느끼는 감정을 겉으로 드러내 보이지 않을 수도 있다는 것을 깨닫는다. 언젠가 헨리라는 아이의 엄마와 상담한 적이 있는데, 그녀는 헨리가 다섯 살이 되자 갑자기 말수가 확 줄었다고 했다. 헨리는 예전엔 장난감 기차로 이야기를 지어내 기차가 어디를 가고 있고, 누구를 태우고 있으며, 고장 났을 때 무슨 일이 벌어졌는지 미주알고주알 얘기했었다. 하지만 이제 헨리의 엄마는 헨리 머릿속에서 도대체 무슨 일이 벌어지고 있는지 알 수 없었다. 그녀는 헨리가 왜 말을 안 하는지, 또 가끔 눈에 띄게 화나 보이는 이유가 뭔지 걱정했다. 우리는 헨리와 오랜 시간 이야기를 나눈 끝에, 헨리가 마음속에 떠오르는 생각들로 힘들어하며 이 생각들을 어떻게 처리해야 할지 모른다는 사실을 알게 됐다. 헨리는 마음속으로 계속 자신에게 멍청하다고 말하고 있었다. 특히 스스로 뭔가 해보려고 처음 시도했을 때 실패하면 속으로 자기에게 바보 같다고 말했다. 이제는 자기감정을 숨길 수 있다는 것을 알아서, 이런 감정을 숨기려고 입을 닫았던 것이다.

나는 아이의 언어와 마음 이론의 연계 발달에 관해 헨리의 엄마와 대화하면서 헨리처럼 수다쟁이였다가 갑자기 깊은 생각에 잠기고 말수가 없어지는 현상은 발달상 정상적인 변화라고 설명해주었다. 헨리는 이제 자기 생각에 관해 생각할 수 있는 나이가 되었다. 이 나이에는 내면의 생각이 기분은 물론, 경험을 어떻게 인식하는지에도 영향을 준다. 나는 킴의 엄마에게서 배운 전략을 헨리 엄마에게 공유해주었다. 즉, 아이가 현재 어떤 발달 단계에 있는지 가르쳐주고 이를 모델링하며 아이에게 앞으로 더 발전할 수 있는 재미있고 신나는 방법을 조언해주라고 말했다.

그 후 그녀는 헨리에게 이제 헨리가 자기 생각에 관해 생각할 수 있게 되었으므로 내면의 목소리를 통해 자신과 대화할 수 있다고 말해주었다. 그리고 자신에게 스스로 하는 말을 믿을지, 안 믿을지도 선택할 수 있다고 설명했다. 그녀는 헨리에게 내면의 목소리가 하는 말을 잘 듣고, 그 말이 진실인지 질문해보라고 했다. 그러면서 내면의 목소리가 하는 말을 반드시 믿을 필요는 없다고 다시 한번 강조했다. 헨리는 호기심 어린 표정으로 엄마의 말을 경청했다. 이윽고 헨리 엄마는 자기 내면의 목소리가 가끔 자기는 형편없는 과학자라고 말한다고 헨리에게 말해주었다. 그녀는 내면의 목소리가 하는 말을 믿으면, 슬퍼지고 화가 나서 말수가 적어진다는 것도 얘기해줬다. 헨리는 엄마도 자기와 똑같은 경험을 했다는 이야기를 듣고 크게 안도했다. 헨리와 엄마는 스스로 멍청하다고 이야기하는 게 얼마나 어리석은 일인지 이야기했다. 헨리가 자신에게 못되게 구는 것이 좋지 않다고 결론 내리자, 헨리 엄마는 헨리를 흐뭇하게 바라보며 그 의견에 동의했다. 헨리와 엄마는 대화를 통해 자기연민self-compassion의 중요성을 깨달았다.

부모가 아이와 아이의 발달에 관해 이야기하는 것은 중요하다. 특히, 헨리가 내면의 목소리가 존재한다는 사실을 깨달았을 때처럼 아이가 중요한 변화를 겪을 때는 더욱 중요해진다. 우리는 대개 아이가 발달하면서 겪는 변화에 대해 아이에게 명시적으로 말해주지 않는다. 아이는 언어와 의사소통에 관해 한창 배우는 와중에 어느 날 갑자기 자신이 배운 언어로 자기 자신에게

만 말할 수도 있다는 사실을 깨닫는다. 또 입 밖으로 소리 내어 말하지 않고도 마음속에 간직할 수 있으며, 몸짓언어를 사용해 자기 생각이나 감정을 숨길 수 있다는 것도 알게 된다. 아이가 이런 변화를 겪을 때 당신이 명시적으로 설명해주지 않으면 아이는 혼란스러울 수밖에 없다.

여섯 살인 브렌던은 엄마 아빠를 계속 속임으로써, 자신이 새롭게 깨달은 내용을 시험했다. 브렌던은 부모에게 양치를 안 했으면서 했다고 하고, 학교에서 현장학습에 갔는데 안 갔다고 말했다. 브렌던의 아빠는 브렌던의 반복되는 거짓말에 정말 화가 났다. 사실, 브렌던은 언어가 지닌 힘을 이용해 아빠를 속일 수 있을지 시험하는 중이었다. 브렌던의 아빠는 아이를 꾸짖는 대신 아이가 현재 밟고 있는 발달 단계에 관해 명시적으로 말해주고 어떤 정보를 비밀로 숨기기에 적절한 상황과 부적절한 상황에 관해 함께 이야기했다.

아이는 이러한 대화를 통해 자기가 경험하고 시험하는 과정이 인간 발달 과정의 일부분이라는 엄청난 깨달음을 얻게 된다. 아이의 언어와 마음 이론이 동시에 서로 맞물려 발달하는 과정을 관찰하면서 다음 질문에 대해 생각해보자.

· 아이가 현재 언어의 어떤 측면을 발달시키고 있는가?
· 현재 아이가 발달시키고 있는 개념에 관해 아이와 어떻게 이야기할

수 있을까?

· 아이의 내면의 목소리가 활성화되어 있는가? 그것을 어떻게 알 수 있는가?

· 아이가 자기감정을 숨길 줄 알게 된 이후에, 당신이 아이의 생각과 감정을 더 잘 이해하려면 아이와의 관계를 어떻게 쌓아나가야 할까?

이 장에서는 언어를 통해 다른 사람들과 소통하는 것을 중점적으로 살펴보았다. 언어는 우리를 다른 사람들과 연결해주고 우리 자신을 더 잘 이해할 수 있게 해주는 강력한 도구다. 아이의 언어와 의사소통 능력을 발달시키려면, 당신의 인내심과 이해심, 시간, 그리고 사랑이 필요하다.

아이가 어릴 때부터 아이에게 말을 자주 걸자. 아이는 말할 수 있기 훨씬 전부터 당신 말을 알아들을 수 있다. 아이가 당신 말을 안 듣고 있는 것 같을 때에도 아이에게 계속 말하자. 아이가 당신의 말을 안 듣는 듯 보여도 사실은 집중해서 듣고 있다. 그리고 아이가 언어에 관심을 가지도록 노래, 각운, 몸짓언어를 사용해 아이와 언어 놀이를 하자. 아울러, 아이는 새로운 상황에서 어떻게 대처할지 결정하기 위해 당신의 표정을 살피는 등 사회적 참조를 한다는 사실을 명심하자.

아이가 유치원에 다닐 즈음에는 언어와 의사소통이 단순한 말 이상이라는 점을 깨닫는다. 이 시기에는 아이가 다양한 상황에서 또래나 어른들과 소통하게 되면서 화용론(상대와 말을 주고받고, 적절한 몸짓언어를 사용하며, 효과적으로 상호작용하는 방법을 안내하는 규칙들)이 점차 중요해진다. 따라서 아이가 다른 사람들과 효과적으로 의사소통하려면 당신의 지도가 필요하다. 아이와 역할 놀이를 하면서 아이가 똑같은 내용을 선생님이나 친구 등 다양한 사람에게 설명하도록 해보자. 혹은 아이와 함께 여러 가지 감정을 몸짓으로 보여줘야 하는 감정 표현 놀이를 하면서 몸짓언어를 가르쳐주자. 아이의 의사소통 능력 발달을 돕기위해서는, 아이가 전달하고자 하는 바를 말할 수 있도록 돕는 수단을 제공하면서 아이가 의사소통할 때 하는 말과 하지 않는 말, 말하는 방식에 주의를 기울여야 한다.

텔레비전에 나오는 사람이나 공원에서 보게 되는 다른 가족들의 몸짓언어, 어조, 눈 맞춤, 표정을 아이와 함께 분석하면 아이의 언어 및 의사소통 능력 발달에 도움이 된다. 당신이 아이와 했던 상호작용과 대화를 돌이켜 생각해보고 당신의 실수를 인정하는 것 또한 도움이 된다. 당신이 의사소통에서 실수한 뒤 그 실수를 바로잡기 위해 어떻게 하는지 아이에게 보여주면, 아이가 명확한 의사소통을 위해 항상 노력해야 함을 배울 수 있다. 또 아이의 감정 어휘를 의도적으로 발달시키기 위해 아이와 대화하고 책을 읽으며 같이 놀아줘야 한다.

5세 이상의 어린이들은 자신의 발달 과정과 발달을 촉진하는 방법에 관해 아는 것을 좋아한다. 아이들이 과거에는 어땠고 미래에는 어떻게 발전할지 이야기해주자. 그리고 아이의 언어 능력이 발달하는 과정과 언어 능력을 향상시키는 방법에 관해서도 명시적으로 설명해주자. 또 자기 생각을 다른 사람과 의사소통할 수 있음은 물론, 내면의 목소리를 통해 자기 자신에게도 표현할 수 있음을 가르쳐주자. 아울러, 내면의 목소리가 하는 말에 주의를 기울이되 불친절하고 도움이 되지 않는 말이라면 그것을 믿을지, 안 믿을지 스스로 선택할 수 있음을 다시 한번 상기시켜주는 것이 좋다.

아이는 다른 사람들과 상호작용하면서 학교 운동장이나 가족 행사와 같은 사회적 환경에서 자신의 행동을 어떻게 조절해야 할지 배운다. 아이가 사회적 환경에서 적절하게 행동하려면 특정 행동을 억제하고 마음의 평정을 유지하며 자기 조절을 할 줄 알아야 한다. 다시 말해, 아이는 잠시 멈춰서 현명한 선택을 하고 다른 사람과 어떻게 협력할지 결정하는 능력인 실행 기능을 발달시켜야 한다. 다음 장에서는 인지 유연성과 자기 성찰력을 길러주는 실행 기능의 핵심 요소를 살펴보고 아이의 실행 기능을 발달시키는 방법을 알아볼 것이다.

3 장

실행 기능을 통해
아이의 인지 유연성 및
자기 성찰력을 기르자

"저한테 되도록 빨리 전화 좀 해주세요! 더 이상은 못 참겠어요. 맥스가 난리 치는 걸 보니까 저까지 미치겠어요."

음성 메시지 속 미미의 목소리에는 긴장감이 묻어났다. 그녀의 어조에는 슬픔과 분노, 피로감이 짙게 배어 있었다. 맥스는 에너지가 넘쳤다. 유치원에 다니는 남자아이가 이렇게 에너지가 넘치는 건 당연한 거였다. 그런데 맥스는 코로나19가 유행하는 동안 다른 많은 아이처럼 유치원을 온라인으로 다녀야 했고, 이 때문에 매우 힘들어했다. 맥스의 엄마, 미미는 선생님이 이야기하는 중인데도 맥스가 한시도 가만히 있질 못하고 춤을 추면서 컴퓨터 자판을 가지고 노는 모습을 지켜볼 수밖에 없었다. 미미는 맥스가 왜 수업에 집중하지 못하는지 도저히 이해할 수 없었지만, 맥스에게 수업에 집중하라고 타일렀다.

"맥스, 너도 이제 다 큰 형아야. 넌 지금 유치원 수업을 듣는 중이잖아. 선생님 말씀 잘 들어야지. 가만히 좀 앉아서 집중하렴. 그러면 수업 끝나고 엄마가 아이스크림 사 줄게."

엄마의 제안에 귀가 솔깃해진 맥스는 엄마한테 수업에 집중하지 않아서 미안하다고 말하고 다시 수업을 듣기 시작했다.

5분 후, 맥스는 다시 몸을 들썩이기 시작했다. 미미는 치밀어 오르는 화를 주체하지 못하고 "가만히 좀 앉아 있어! 넌 지금 유치원에 와 있는 거라니까!"라고 소리를 빽 질렀다. 온라인 수업이든 오프라인 수업이든, 맥스가 가만히 앉아 있으라는 지시에 힘들어하는 것은 당연하다. 어린아이들은 적극적으로 활동하고 오감으로 경험하며 다른 아이들과 상호작용하면서 배운다. 그런데 미미는 맥스가 가만히 앉아서 자기 행동을 쉽게 통제할 수 있다고 생각했던 것이다.

당신도 미미처럼 아이의 행동을 보고 당황하거나 좌절한 적이 있는가? 나도 내 아들 제이콥의 행동 때문에 좌절감을 느낀 적이 있다. 제이콥은 세 살 무렵, 제일 친한 친구랑 두 시간 동안 공들여 만든 모래성을 발로 차서 무너뜨렸다. 제이콥이 이렇게 한 이유는 단지 '재미있을 것 같아서'였다. 하지만 제이콥이 재미로 한 행동 때문에 친구는 너무 슬퍼서 엉엉 울었다. 나는 제이콥에게 어떻게 행동해야 하고 다른 사람을 어떻게 대해야 하는지 수도 없이 반복해서 설명해야 했다. 당신도 분명 내 이야기에 공감할 것이다.

눈앞에 보이는 아이의 행동을 처리하는 것에서 한 단계 더 나아가 아이에게 어떻게 행동하라고 해야 할지 생각하려면 시간이 필요하다. 아이의 능력과 당신의 육아 능력에 의구심을 품기 전에, 아이가 현재 발달 단계에서 충동 조절 능력과 자기 행동이 타인에게 미치는 영향을 이해하는 능력이 어느 정도 발달했는지 파악하면 도움이 된다. 아이에게 이러한 능력을 길러주기 위해서는 아이가 자신의 실행 기능을 사용하도록 해야 한다. 실행 기능

1부 아이의 세 가지 핵심 발달을 장려하라

은 우리 스스로 행동을 점검하고 통제하며 현명한 의사 결정을 내릴 수 있게 해주는 복잡한 인지 처리 과정이다. 그러면 아이는 나이마다 이런 능력이 얼마나 발달하는 걸까? 이 물음에 대한 답을 알게 된다면, 아이의 행동에 효과적으로 대응하고 아이의 행동을 잘 이끌어 인지 유연성과 자기 성찰력을 길러줄 수 있다.

실행 기능과
사회적·정서적 발달의 관계

실행 기능은 학교생활과 이후 사회생활에서 아이의 성공을 가늠할 수 있는 (때에 따라서는 IQ 점수보다 더 신빙성 있는) 강력한 예측변수다.[35, 36, 37] 실행 기능의 구성 요소는 높은 학업 성취와 팀워크, 리더십, 사회성 향상에 꼭 필요하기 때문에 언론계와 학자들이 점점 더 많은 관심을 보여왔다. 우리는 실행 기능을 사용해 일을 계획하고 일의 우선순위를 정할 수 있다. 이를 통해 일의 흐름을 원활하게 조정할 수 있고, 일을 완수하기 위해 다른 사람들이 해야 할 역할을 파악하며, 목표를 설정하고 달성할 수 있다. 우리는 뭔가를 배우거나 다른 사람과 상호작용하거나 혹은 제한된 시간 내 일을 처리해야 할 때 등 거의 모든 상황에서 실행 기능을 사용해야 한다.

실행 기능의 핵심 구성 요소는 자기 통제력, 인지 유연성, 작업 기억력이다. 여기에서는 사회적·정서적 발달에 중요한 주의 집중력을 추가한다.[38] 사람들은 아이의 실행 기능을 학업 성취와 관련해서만 생각하는 경향이 있는데, 우리는 이러한 관점이 너무 편협하다는 것을 깨닫게 되었다. 연구에 따르면, 실행 기능과 감정을 이해하는 능력 사이에는 밀접한 연관이 있다.[39] 우리는 아이들이 사회적 상호작용을 하면서 끊임없이 문제를 해결해나가는 과정을 보게 된다. 실행 기능에 관한 다음 설명을 살펴보고, 아이가 다음 능력을 발휘하는 모습을 본 적이 있는지 생각해보자.

자기 억제력 혹은 자기 통제력은 아이가 나중에 후회할 행동을 하고 싶은 충동을 참고 현명한 의사 결정을 내리도록 도와준다. 아이가 다양한 사회적 상황에서 본능에 따라 행동하면 다른 사람들에게 부정적인 영향을 미칠 수 있는데, 자기 통제력을 발휘하면 본능대로 행동하는 것을 억제할 수 있다. 다음 사례를 통해 좀 더 살펴보자.

다섯 살인 에드워드에게는 세 살 난 여동생이 있다. 어느 날, 여동생이 장난감 바구니에서 에드워드가 가장 좋아하는 빨간 장난감 자동차를 꺼내 들었다. 에드워드는 여동생의 손에서 장난감 자동차를 곧바로 낚아채지 않고 여동생과 장난감을 같이 가지고 놀기로 결정했다. 이때 에드워드의 엄마가 에드워드의 인내심 있는 행동을 보고 스스로 자랑스러워할 만한 행동이라고 칭찬했다. 에드워드는 엄마에게서 긍정적 강화를 받아 싱긋 웃으며, 장난감 자동차를 뺏지 않길 잘했다고 생각했다.

인지 유연성은 '고정관념을 깨고 생각하는 것'으로, 창의성 및 문제해결력과 밀접하게 연관되어 있다. 인지 유연성이 있는 아이는 식탁 의자를 곰 인형을 위한 나무집으로 변신시키는 것과 같이 색다른 관점과 전략을 생각해낼 수 있으며 끊임없이 변화하는 인간관계의 요구에 잘 적응할 수 있다.

생후 30개월 된 제시카와 토드는 장난감 실로폰을 함께 가지고 놀고 있었다. 제시카가 먼저 실로폰 채로 실로폰을 친 후, 토드에게 채를 건네주었다. 제시카는 토드가 실로폰 채를 다시 건네주기를 기다렸지만, 토드는 다시 주려고 하지 않았다. 제시카의 엄마는 딸아이가 이 상황에 어떻게 대처하는지 유심히 지켜보았다. 제시카는 처음에 토드의 행동에 놀란 듯 보였지만, 잠시 후 주방놀이 세트에서 장난감 숟가락을 집어 들더니 그것을 실로폰 채 대신 사용했다. 제시카는 토드를 보며 방긋 웃었고, 토드도 제시카를 보며 미소 지었다. 그리고 나서 제시카는 토드도 장난감 숟가락으로 쳐볼 수 있도록 장난감 숟가락과 실로폰 채를 바꿔주었다. 제시카의 엄마는 딸아이가 그 상황에서 창의성을 발휘하고 밝게 웃으며 대처하는 모습을 보고 깊은 감명을 받았다.

작업 기억력은 아이가 정보를 기억해 머릿속으로 처리하며 겉보기에 서로 상관없어 보이는 것들을 연결 짓도록 해준다. 가령, 아이는 작업 기억력을 사용해 포켓몬 피규어의 이름을 기억할 수 있다. 또 작업 기억력은 다른 사람과 협업할 때 일의 순서를 기억하는 데 사용된다.

여섯 살 난 동갑내기 다니엘과 브라이언은 블록으로 장난감 경주차가 지나갈 다리를 만들기로 했다. 둘은 마치 엔지니어가 된 것처럼 자신들의 아이디어를 그림으로 그렸다. 그다음 다니엘은 브라이언과 할 일을 분담했고, 둘은 다리를 만들기 시작했다. 얼마 동안 각자 작업을 하다가 다니엘은 브라이언이 맡은 일이 어떻게 진행되어가는지 보러 브라이언 쪽으로 갔다. 그런데 브라이언이 한 것을 보고 깜짝 놀랐다. 브라이언이 애초의 계획과는 무관하게 블록으로 집을 짓고 있었기 때문이다. 다니엘은 너무 화가 나서 "너 지금 뭐 하는 거야? 우린 다리를 짓기로 계획했었잖아!"라고 소리쳤다. 브라이언은 너무 창피해서 자기가 맡은 일의 순서를 까먹었다고 차마 말할 수 없었다.

주의 집중력은 '지잉' 소리가 나는 전등이나 '아앙' 하고 울어대는 동생이 주의를 흐트러뜨려도 숙제에 주의를 집중할 수 있는 능력으로, 이는 단기 목표는 물론이고 장기 목표를 달성하는 데에도 매우 중요하다. 주의 집중력이 있는 아이는 사회적 상호작용을 주의 깊게 관찰할 수 있으며 누군가가 어떻게 반응할지 예상할 수 있다.

다섯 살인 매기는 할머니가 언니, 오빠들의 점심 도시락을 준비하느라 힘들어하는 모습을 유심히 지켜보고는 할머니한테 어떻게 도와드릴지 여쭤봤다. 할머니는 매기의 말에 감동했고, 자신을 도와줄 사람이 곁에 있다는 사실에 안도감을 느꼈다. 그리고 매기의 도시락에는 쿠키를 한 개 더 넣어주었다.

어린이들이 좋아하는 TV 프로그램인 〈세서미 스트리트Sesame Street〉는 한 시즌을 통째로 할애해서 실행 기능의 향상을 다뤘다. 이 시즌에서는 쿠키 몬스터Cookie Monster의 지칠 줄 모르는 쿠키 사랑을 주제로, 실행 기능 중 특히 자기 통제력을 향상시키는 방법을 보여줬다. 쿠키 몬스터는 눈에 보이는 쿠키를 모조리 먹어치우는 대신 "쿠키를 먹고 싶지만 기다려야지"라는 새로운 만트라를 되뇐다.

이 프로그램의 커리큘럼과 콘텐츠를 담당하는 부서의 수석 부대표인 로즈마리 트루글리오Rosemarie Truglio 박사는 이 프로그램이 유치원생을 대상으로 한다는 점을 강조했다. 아동 발달 단계상 유치원에 다니는 시기가 실행 기능을 발달시키는 데 최적기이기 때문이다.[40] 아이가 어릴 때 실행 기능을 발달시키면 자라나면서 좋은 점이 매우 많다. 아이에게 실행 기능을 가르치는 가장 좋은 방법은 부모가 모델링하는 것이다. 아이의 실행 기능을 발달시키는 방법과 관련해서 다음 질문을 고려해보자.

· 아이의 행동을 보며 놀라워했던 때를 떠올려보자. 그때 아이의 행동에서 어떤 실행 기능을 두드러지게 볼 수 있었는가?
· 실행 기능 요소 중 아이가 다른 사람과 상호작용할 때 가장 실천하기 어려워하는 기능은 무엇인가?
· 당신이 아이에게 쉽게 모델링할 수 있는 실행 기능은 무엇인가?
· 당신이 실천하는 데 어려움을 느끼는 실행 기능이 있는가? 당신과 아이의 실행 기능을 비교해보자. 당신과 아이가 각각 잘 발달시킨 실행 기능과 앞으로 더 발달시켜야 할 실행 기능은 무엇인가?

행동을 통제하는 인지적 능력

자기 억제력 혹은 자기 통제력은 아이가 나중에 후회할 행동을 하고 싶은 충동을 참고 현명한 의사 결정을 내리도록 도와준다.

예: 자기 통제력이 있는 아이는 고양이 꼬리가 아무리 보송보송해 보여도 고양이에게 할큄을 당하지 않도록 꼬리를 잡아당기지 않는다.

인지 유연성은 창의성 및 문제해결력과 밀접하게 연관되어 있다. 인지 유연성이 있는 아이는 색다른 관점과 전략을 생각해낼 수 있다.

예: 아이는 인지 유연성을 발휘해 식탁의자를 곰 인형을 위한 나무집으로 변신시키기도 한다.

작업 기억력은 아이가 정보를 기억해 머릿속으로 처리하도록 해준다.

예: 아이는 작업 기억력을 사용해 포켓몬 피규어의 이름을 기억할 수 있다.

주의 집중력은 단기 목표와 장기 목표를 달성하는 데 매우 중요하다.

예: 주의 집중력이 있는 아이는 소리가 나는 전등이나 우는 동생이 주의를 흐트러뜨려도 숙제에 주의를 집중할 수 있다.

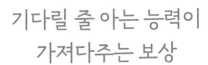

기다릴 줄 아는 능력이
가져다주는 보상

쿠키 몬스터가 쿠키를 먹고 싶은 걸 꾹 참고 기다리면서 자기를 통제하느라 애쓰는 모습은 유명한 사회과학 연구인 '마시멜로 실험'에서 탐구했던 다음 질문을 상기시킨다.

'지금 당장 얻을 수 있는 작은 보상과 기다려야만 얻을 수 있는 더 큰 보상 중 어느 것을 선택하겠는가?'

스탠퍼드대학교 심리학과 교수인 월터 미셸Walter Mischel은 1970년대에 유치원생을 대상으로 마시멜로 실험을 실시해 이 질문을 탐구했다.[41, 42, 43] 이 실험에서는 성인 실험자가 마시멜로 한 개를 아이에게 주며, 이 마시멜로를 먹고 싶은 유혹을 이겨내고 그 성인 실험자를 다시 부르지 않은 채 일정 시간 동안 기다리면 더 많은 마시멜로를 줄 거라고 말한다. 그리고 나서 성인 실험자가 방을 나가고 짧은 시간(보통 약 15분) 동안 아이만 혼자 방에 남겨 둔다. 아이는 나중에 더 큰 보상을 얻으려면 혼자서 기다리는 동안 당장 마시멜로를 먹고 싶은 욕구를 억제하며 자기 통제력을 발휘해야 한다.

흥미롭게도, 연구자들은 자기 통제력 발달에 필수적인 만족 지연 능력을 발휘해 먹고 싶은 걸 꾹 참고 기다린 유치원생은 미래에 높은 학업 성취를 거두며 사회성과 정서 지능이 뛰어날 가능성도 크다고 밝혔다.[44] 요즘에는 많은 부모가 마시멜로 실험을 자기 방식대로 변형해 적용한 모습을 녹화해 소셜미디어에 올리기도 한다. 당신도 아이에게 기다릴 줄 아는 능력이 있는지 알아보자.

1부 아이의 세 가지 핵심 발달을 장려하라

아이의 여러 가지 능력은 동시에 서로 맞물려 발달한다

아이의 자기 통제력, 인지 유연성, 작업 기억력, 주의 집중력은 언어, 의사소통 능력, 마음 이론의 발달과 동시에 맞물려 발달한다. 우리는 1장에서 아이가 생각, 믿음, 욕구, 감정 등의 마음 상태를 이해하는 능력, 즉 마음 이론을 발달시키는 과정을 살펴보았다. 2장에서는 아이의 언어 발달과 마음 이론 발달이 밀접하게 연결되어 있음을 배웠다. 마음 상태에 관해 생각하는 데 필요한 언어 능력이 발달하지 않으면 마음 이론(예를 들어, 친구의 관점에서 생각해보는 것)을 발달시키기 어렵다. 자, 이제 실행 기능을 생각해보자. 당신이 아이에게 행동을 스스로 통제하라고 하고 즉시 반응하기 전에 잠시 멈춰서 생각하라고 요구하는 것은 사실 실행 기능, 언어와 의사소통 능력, 마음 이론의 발달을 서로 연결하라고 요청하는 것이다. 이것은 매우 복잡한 작업이다. 아이가 행동하기 전에 잠시 멈춰서 생각하려면 이러한 여러 가지 능력을 동시에 발달시켜야만 한다. 당신이 아이에게 요구하는 다음 사항들을 살펴보자.

- 아이에게 실행 기능을 사용해 충동을 억제하라고 한다.
  예) "동생이 네 접시에서 쿠키를 가져가더라도 동생을 때리지 마."
- 마음 이론을 통해 다른 사람의 관점에서 생각하라고 한다.
  예) "넌 쿠키가 세 개나 있는데 동생은 하나밖에 없잖아."
- 이 정보를 처리해서 자신의 욕구와 다른 사람의 욕구를 모두 만족하도록 행동하라고 한다.
  예) "동생의 기분을 고려하면, 네가 어떻게 행동하는 게 좋을까?"
- 언어와 의사소통 능력을 사용해 다른 사람에게 자기 생각을 명확히 전달하라고 한다.
  예) "동생의 쿠키를 원한다면 동생한테 부탁하렴."

앞에서 살펴봤듯이, 아이의 머릿속에서는 여러 가지 일이 동시다발적으로 일어나고 있다. 우리가 아이의 실행 기능을 발달시키는 방법을 배우려면 시간을 투자해야 하며 전문적인 조언도

1부 아이의 세 가지 핵심 발달을 장려하라

필요하다. 하지만 이제 우리는 아이의 어떤 면을 집중적으로 살펴봐야 하는지 알게 되었으며, 따라서 아이의 행동을 아동 발달의 관점에서 계속 관찰할 수 있다. 예를 들어, 아이의 자기 통제력을 다음과 같은 방식으로 생각해볼 수 있다.

- 아이는 영아기에 스스로 자신을 달래기 위해 자기 손가락을 빤다. 이 행동은 짜증이 나지 않도록 스스로 조절하는 자기 통제력의 한 양상으로, 아이는 이 행동을 통해 자신을 진정시킨다.
- 아이가 걸음마 할 때쯤 되면, 짧은 시간 동안은 기다릴 줄 알게 된다. 이는 아이가 자기 통제력을 어느 정도 발달시켰음을 보여준다. 하지만 인내심이 바닥나면, 아이는 친구가 가지고 있던 물건을 갑자기 홱 뺏을 수도 있다. 이 시기에 아이는 인내심과 경험이 아직 부족하며, 실행 기능 수준도 높지 않다.
- 유치원에 다니는 아이는 영아에 비해 다른 사람과 상호작용한 경험이 더 많아 자기 통제력, 인지 유연성, 인내심이 상당히 발달해 있다. 아이가 도서관에서는 다른 사람을 방해하지 않도록 작게 말해야 한다는 것을 경험을 통해 배운 뒤, 스스로 알아서 소곤소곤 속삭인다면 아이의 실행 기능이 이미 싹트기 시작한 것이다.
- 아이가 학교에 입학하면 스스로 생각하고 계획을 세우며 다른 사람과 조화롭게 상호작용하는 실행 기능을 발달시키기 시작한다. 하지만 이 시기의 아이에게 완벽을 기대하긴 어렵다. 아이의 실행 기능이

습관이 되려면 시간이 걸린다.

· 떼쓰고 짜증 내는 행동은 나이에 상관없이 모든 아이에게 나타나며, 자기감정을 통제하기 어려워할 때 이런 행동을 보인다.

어린이뿐 아니라 성인도 실행 기능을 성공적으로, 일관성 있게 실천하는 것을 어려워하는 경우가 많다. 최근에 당신이 타인의 말에 지나치게 강하게 반응한 뒤에 곧 스스로 자신을 더 잘 통제했으면 좋았을 텐데, 하고 후회했던 때를 떠올려보자. 실행 기능은 평생에 걸쳐 숙달해야 한다. 연구에 따르면, 실행 기능은 마치 근육과 같아서 열심히 단련하면 튼튼하게 발달시킬 수 있다. 따라서 아이가 사회성과 정서 지능을 높이는 데 꼭 필요한 실행 기능을 발달시키는 데 당신이 부모로서 도울 수 있는 일이 매우 많다.

아이와 함께 계획 세우고
성찰하기

아동 발달 및 아동 교육 전문가들이 머리를 맞대고 아이들의 실행 기능 근육을 발달시키기 위해 마음의 도구Tools of the Mind(1993년 비고츠키 연구자인 엘레나 보드로바Elena Bodrova와 데보라 리옹Deborah Leong이 만든 교육과정으로, 유아가 '마음의 도구'를 획득하고 창의적으로 활용하도록 돕는 것을 목표로 함_역주)라고 불리는 유치원 교육과정을 개발했다.[45] 이 교육과정을 실행하는 교실에서는 아이들의 자기 조절력을 길러주기 위해 스스로 '놀이 계획'을 세우도록 한다. 아이들은 그날그날 하고자 하는 활동을 그림으로 그리거나 글로 쓰면서 하루를 시작한다. 이를 통해 자신의 목표를 어떻게 달성할지 의식적으로 생각한다. 아이가 의도를 가지고 계획을 세우면 목적의식을 지닌 채 생각하고 행동하게 되며, 일 과 중에 계획이 수정되어도 유연하게 사고하고 예기치 못한 상황에 쉽게 적응할 수 있다. 마음의 도구 교육과정이 미치는 영향을 탐구한 연구자들은 이 교육과정이 아이의 읽기, 어휘, 수학 능력뿐 아니라 자기 통제력 및 주의 집중력 향상에도 긍정적인 효과가 있음을 밝혀냈다.[46, 47]

아이와 함께 활동을 미리 계획하고 활동이 끝난 뒤 성찰하면 아이의 실행 기능, 특히 자기 통제력과 작업 기억력을 발달시킬 수 있다. 그렇다면 아이와 함께 계획하고 성찰하는 가장 좋은 방법은 무엇일까? 이것은 내 아들, 제이콥이 네 살이었을 때 나 자신에게 수도 없이 던졌던 질문이다. 제이콥은 고집이 센 편에다 성격이 불같았다. 또 일이 어떻게 진행되어야 하는지에 관한 생각이 아주 뚜렷했고, 일의 결과가 자신의 예상을 벗어나면 화를 참지 못했다. 제이콥은 화가 나면 장난감, 친구, 가족에게 화풀이하곤 했다. 나도 참을성이 부족해서 아이가 폭발하면 나까지 폭발했다. 때때로 나와 제이콥 중 누가 더 충동 조절을 못 하는지 분간이 안 될 정도였다. 나는 아이의 자기 통제력과 작업 기억력을 발달시키면서 나 자신의 이런 능력 또한 향상되길 바랐다.

당시에 나는 우리 반 아이들과 활동 계획표를 사용했다. 이 계획표는 마음의 도구 교육과정을 실천하는 교사들이 사용하는

1부 아이의 세 가지 핵심 발달을 장려하라

것과 비슷했다. 내가 교실에서 이 계획표를 사용한 이후로 우리 반 아이들의 자기 통제력이 몰라보게 향상되었기 때문에 나는 이 계획표가 매우 효과적이라는 사실을 깨달았다. 반 아이들은 이 계획표를 사용한 이후 '잠시 멈추고 어떻게 행동할지 먼저 생각'하게 되었으며 중간에 관두고 싶은 활동도 끝까지 마무리할 수 있게 되어 얼마나 뿌듯한지 내게 여러 번 말했었다. 이 계획표가 교실에서 효과를 거두자, '이 계획표를 집에서도 사용할 수 있을까?'라는 생각이 들었다. 나는 아이들이 친구들이나 선생님과 함께 있을 땐 자기를 통제하고 사회 규범에 따라 행동하려고 열심히 노력한다는 사실을 잘 알고 있었다. 하지만 집은 다르다. 아이들은 집에서 가족들이 어디까지 참을 수 있나 그 한계를 늘 시험한다. 나는 이 점을 염두에 두고 집에서도 효과를 볼 수 있는 대체 전략을 짜냈다.

집에서 네 살배기 제이콥과 함께 계획을 세운 방법은 교실에서 반 아이들과 함께했던 방법과는 확실히 달랐다. 나는 계획 세우기에 관해 대화할 때 제이콥이 어떻게 반응할지, 그리고 이 대화가 아이의 행동과 감정에 어떤 영향을 미칠지 궁금했다. 그동안 제이콥이 어떤 활동 계획을 세웠는지에 대해 대화한 적이 거의 없었다는 걸 깨달았다. 대개 제이콥이 스스로 알아서 놀이를 시작했고, 놀이가 제 뜻대로 진행되지 않으면 감정이 폭발하곤 했다. 나는 처음엔 이것도 해주겠다, 저것도 해주겠다 하면서 아이를 달래려고 애썼다. 하지만 이것은 불난 집에 부채질하는 격이었다. 난 아이가 폭발할 때면 떼를 쓸 수 있는 장소의 경계선을 분명하게 정해주고, 물건을 부수는 행동은 용납할 수 없다고 말한 후 아이를 그냥 내버려뒀다. 나는 제이콥이 화를 느끼고 이를 행동으로 표출할 기회는 줬지만, 이 행동을 아이와 함께 성찰하지는 않은 것이다.

어느 날, 나는 저녁 식사 후에 제이콥과 함께 놀이 계획을 세우기로 마음먹었다. 우리는 제이콥의 목욕 시간 전까지 무슨 놀이를 할지 구체적으로 이야기했다. 평소에 난 그 시간에 주방을 청소하고 정리했다. 솔직히, 제이콥과 얘기하느라 주방 청소를 못 하게 되니 좀 답답한 기분이 들었고 괜히 내 시간만 낭비하는 게 아닌가 하는 생각도 들었다. '이렇게 한다고 해서 과연 제이콥이 저녁마다 떼쓰는 걸 막을 수 있을까?' 이런 의구심을 품은 채 아이와 대화를 시작한다면 내 계획을 망칠 것만 같았다. 나는 의구심을 떨쳐내고 좀 더 긍정적인 생각이 들 때까지 기다린 다음, 제이콥에게 물었다.

"제이콥, 목욕 시간이 될 때까지 뭘 할 거니? 네 놀이 계획이 뭐야?"

제이콥은 하던 일을 멈추고 날 바라보더니 이렇게 대답했다.

"내 레고를 가지고 놀 거예요."

"아, 뭘 만들지 생각했니?" 내가 물었다.

제이콥은 다시 멈추고 생각하더니 이렇게 대답했다.

"내 경주차들을 위한 차고를 만들고 싶어요."

"아, 차고. 그 차고에 경주차가 몇 대나 들어갈 수 있니?" 내가 물었다.

나는 제이콥이 생각하는 모습을 볼 수 있었다. 제이콥이 차고의 크기에 관해 생각하기 시작한 것이다. 나는 제이콥이 차고 크기를 마음속에 구체적으로 그려보길 바랐다.

"차고 만들기가 네 계획대로 안 되면 어떻게 하지? 만약 네 차가 그 차고에 다 들어가지 않으면 어떻게 할래?" 나는 제이콥이 좌절감에 어떻게 대처할 것인지 물은 것이었는데, 아이가 내 질문의 의도를 파악할 수 있을지 궁금했다.

"차고에 못 들어가는 차들을 위해 좀 더 작은 차고를 또 만들 거예요."

나는 더 구체적으로 물어봤다.

"더 작은 차고를 새로 만들었는데도 차가 다 안 들어가면, 차고를 바닥에 내팽개칠 거니? 아니면 잠시 멈춰서 심호흡하거나 도움을 요청하러 갈 거니?"

나는 제이콥에게 화를 다스릴 수 있는 방법을 몇 가지 제안했는데, 정말 놀랍게도 제이콥이 내 말을 경청했다. 그러고 나서 난 이렇게 말했다.

"아주 멋진 놀이 계획이구나. 재미있게 놀이하렴! 아 참, 네가 만일 짜증이 나면, 엄마는 일단 네가 차분해진 후에 널 보러 올 거야. 네가 짜증 내는 모습을 보면 엄마는 화가 나거든. 엄마는 너한테 화풀이하고 싶지 않아."

나는 제이콥에게 행동의 경계를 명확히 설정해주고, 내 감정도 공유했다. 그다음 시계를 쳐다보며 목욕 시간까지 한 시간 정도 놀 수 있다고 말했다. 이렇게 놀 수 있는 시간을 말해주면, 아이는 놀이 시간에 제한이 있음을 알게 된다. 부모가 이제 그만 놀라고 해도 아이들은 종종 놀이를 멈추길 싫어한다. 따라서 놀이 시간이 제한되어 있다고 미리 말해주면 도움이 되며, 아직 시계를 볼 줄 모르는 아이도 놀이 시간에 제한이 있다는 것을 이해할 수 있다.

놀이를 시작하기 전에 이렇게 대화했는데도, 제이콥은 놀이 도중에 또다시 폭발했다. 비명이 들리더니, 곧이어 우당탕 뭔가 부딪치는 소리가 났다. 하지만 이번에는 제이콥이 스스로, 평소보다 더 빨리 자신을 진정시켰다. 아이가 괜찮은지 방을 살짝 들여다봤을 때 아이는 무척 슬퍼 보였다.

"차고는 망했어요." 제이콥이 말했다.

"아." 난 짧게 대답했다.

난 제이콥이 자기 행동을 통제하지 못한 것을 그 자리에서는 이야기하지 않았다. 방금 있었던 일에 관해 대화하기엔 시기가 너무 일렀다. 그래서 시간이 좀 지나 잠잘 시간이 됐을 때 그 일을 같이 성찰했다.

난 제이콥을 침대에 눕힌 뒤, 제이콥의 놀이 계획에 관한 이야기를 들려줘도 될지 물었다. 그러고는 종이에다 어설픈 그림으로 저녁에 있었던 일을 그렸다. 그림으로 제이콥과 내가 놀이 계획에 관해 대화하는 모습과 제이콥이 혼자 방에서 차고를 만드는 모습을 표현했다. 그다음 나는 잠시 멈추고 아이에게 차고를 집어 던졌을 때의 이야기를 해달라고 했다. 나는 제이콥이 말하는 대로 그림을 그렸고, 제이콥은 내가 그림 그리는 모습을 지켜봤다. 우리는 제이콥이 차고를 던졌던 순간과 그때 느꼈던 좌절감, 그리고 심호흡하면서 스스로 마음을 가라앉힌 일에 관해 이야기했다. 제이콥의 화에 관해서는 특히 더 많은 이야기를 나눴는데, 제이콥이 행동하기 전에 잠시 멈춰서 생각하는 방법을 깨우쳤음을 알 수 있었다.

앞서 살펴본 내 개인적 경험에서도 알 수 있듯이, 시간을 내어 아이와 함께 아이의 계획, 생각, 의도에 관해 이야기하는 것은 그럴 만한 가치가 있다. 일상에서 이러한 계획과 성찰을 생활화하기 위해 다음 단계를 일상생활에 적용해보자.

· 하루 일과 사이사이에 아이와 대화하자.

하루 중에 자연스러운 전환점들이 있을 것이다. 이러한 전환점들은 대개 기상 시간, 식사 시간, 취침 시간과 같은 일과 사이에 생긴다. 아이에게 이 전환점이 다가온다는 것을 미리 알려준 다음 전환점 전후로 아이의 활동 의도와 계획에 관해 대화하고 활동 결과를 함께 살펴보며 성찰하자.

· 아이에게 다음에는 무슨 활동을 할 계획인지, 어떤 결과를 예상하는지 물어보고 아이의 활동 의도에 관해 대화하자.

아이가 활동에 어떤 준비물이 필요한지 파악하도록 도와주며 아이가 정한 목표를 달성하려면 어느 정도 수준의 능력이 필요한지 생각해보고 아이의 현재 수준과 비교해보자.

· 계획을 실행하기 전에 예상되는 문제를 함께 해결하고 아이 행동의 경계를 확실하게 정해주자.

이는 아이와 예상 밖의 결과를 미리 생각해보고 이를 마음속으로 대비하기 위함이다. 또 아이와 함께 행동의 경계를 미리 얘기해서 허용되는 행동과 허용되지 않는 행동을 확실히 해두자.

· 활동이 끝나면 활동이 어떻게 진행됐는지, 어떤 점이 잘 됐고, 앞으로 어떤 점을 수정해야 할지 이야기하자.

이때 그림을 활용하면 아이가 자신의 계획, 자기 행동의 원인과 결과, 자기 생각을 눈으로 볼 수 있다. 종이에 간단한 막대 인간 그림으로 아이의 생각을 그려보자.

아이가 자기 행동을 성찰하려면, 그 행동을 기억해야 한다. 아이의 기억력 발달과 관련해, '의미 기억semantic memory'과 '일화 기억

1부 아이의 세 가지 핵심 발달을 장려하라

episodic memory'을 구분하는 것이 중요하다. 의미 기억은 주변 세상의 사실에 관한 기억으로, 예를 들어 디즈니랜드는 캘리포니아에 있다는 사실을 기억하는 것과 관련이 있다. 반면, 일화 기억은 개인적 경험에 관한 기억으로, '과거를 여행하며' 디즈니랜드에서 미키 마우스를 만났던 일을 재경험하는 것과 관련이 있다. 아이들은 두 살 무렵부터 과거의 일에 관해 이야기하기 시작하나,[48] 많은 연구에 따르면 아이가 적어도 네 살은 돼야 일화 기억이 완전히 발달한다.[49, 50]

어떤 연구자들은 어린아이가 과거라는 개념을 이해하고 과거의 일을 재경험할 수 있는지 알아보기 위해 재미있고 간단한 '스티커 게임'을 이용했다.[51] 이 연구에서 연구자들은 2~4세 아이들이 성인 실험자와 놀이하는 모습을 녹화한다. 이 성인은 놀이 중에 아이 이마에 조그마한 스티커를 슬며시 붙인다. 몇 분 뒤, 아이는 스티커를 계속 이마에 붙인 채 녹화된 영상을 본다. 이 영상에는 아이 이마에 스티커를 붙이는 순간을 포착한 핵심 장면이 포함되어 있다. 연구자들은 2~3세 아이들은 대부분 자기 이마에서 스티커를 떼어내지 않았지만, 대다수의 4세 아이들은 이마에 붙은 스티커를 떼어낸다는 것을 알 수 있었다.

이 연구 결과는 4세 미만의 아이는 녹화 영상에서 자기 자신을 인식하지 못하듯, 과거에 일어난 일을 재경험하기 어려워하며, 과거 경험이 현재 경험과 어떤 연관성이 있는지도 파악하기 힘들어한다는 사실을 보여준다. 그러니 다음번에 아이에게 아이가 한 행동에 관해 생각해보라고 말할 때는 좀 더 너그러워지자. 당신의 예상과 달리, 아이가 발달 단계상 자신의 과거 행동을 기억하지 못할 수도 있기 때문이다. 아이는 심지어 자신의 과거 행동을 성찰하고 나서도 며칠이 지나면 자기가 무슨 말을 했는지 까맣게 잊기도 한다. 아이의 기억력 발달을 돕기 위해 다음 질문을 고려해보자.

- 아이가 과거의 일에 관해 말한 적이 있는가? 아이의 일화 기억이 발달했는가?
- 아이에게 당신과 함께한 기분 좋았던 일을 이야기해달라고 해보자. 그다음, 당신은 그때를 어떻게 기억하는지 아이에게 이야기해주자. 아이와 당신의 기억이 같은가? 아니면 다른가?

아이와 함께 계획 세우기

활동 계획표는 간단하고 흥미로워 보여야 한다. 아이가 집중할 수 있도록 볼드체, 재미 있어 보이는 테두리, 간단한 그림, 색지, 귀여운 스티커를 사용해보자.

아이가 자기 생각을 쓰거나 그리도록 하자.

활동 계획을 세워보자!

1

무슨 활동을 할 생각이니?

케이크 만들기

필요한 게 뭐니? 어디?

우리 주방

무엇?

달걀, 설탕, 바닐라, 밀가루, 버터

누가?

엄마는 오븐 사용을 도와주고 언니는 맛을 봐주기로 함

2

만약 예상치 못한 상황이 일어나면 어떻게 할래? 만약…

달걀을 바닥에 떨어뜨린다면

어떻게 할래?

마트에 가서 달걀을 더 사온다.

3

어디: 아이가 집의 어느 공간을 사용하고 어디에서 놀 것인가?

무엇: 아이의 생각을 실행에 옮기려면 무슨 재료가 필요한가?

누가: 아이의 생각을 실행하려면 다른 사람의 도움이 필요한 가? 그들에게 도와줄 수 있는지, 도와줄 수 있다면 어떻 게 도와줄 수 있는지 물어보자.

대부분의 활동이 계획 대로 진행되지 않으니 예기치 못한 상황에 대 비하자.

 나만의 활동 계획표를 만들어보자.

아이와 함께 성찰하기

· 아이의 생각을 경청하고 간단한 그림으로 나타내자.
· 아이가 그림을 그리거나 글을 쓰도록 하자. 필요하다면, 당신이 다시 베껴 써도 좋다.
· 아이를 판단하지 말자.

넌 어떻게 생각하니?

잘한 점이 뭐니?	더 좋아질 수 있는 부분은 뭐니?	다음에는 어떤 점을 다르게 할거니?
만든 케이크가 맛있었고 가족과 함께 먹어서 즐거웠다.	활동 중간에 오븐이 적정 온도가 될 때까지 오래 기다려야 했는데, 기다리지 않아도 됐더라면 더 좋았을 것이다.	다음에는 케이크 반죽을 만들기 전에 오븐을 미리 예열할 것이다. 
1	**2**	**3**
활동을 통해 얻은 교훈이나 깨달은 점, 배운 점은 무엇인가?	다음에는 다르게 하고 싶은 부분이 있는가?	이 활동을 다시 한다면, 개선할 부분이 있는가?

 나만의 성찰 활동지를 만들어보자.

아이 나이에 따른
실행 기능 발달 방법

4세 미만의 아이에게는 활동 계획을 세우고 활동이 끝난 뒤 성찰하는 방법을 모델링을 통해 가르칠 수 있다. 앞서 언급했듯이, 4세 미만의 아이들은 발달 단계상 스스로 계획을 세우거나 성찰할 준비가 아직 안 되어 있다. 하지만 중요한 기술은 부모가 빨리 모델링할수록 좋다. 1장과 2장에서 살펴봤듯이, 아이들은 보고, 듣고, 본 것을 모방하며 배운다. 다음은 아이의 실행 기능 근육을 발달시킬 수 있는 주요 방법들이다. 각 방법을 아이의 나이에 알맞은 제안과 함께 살펴보자.

아이에게 선택권을 준다

· 영아: 두 가지 음식 혹은 두 가지 장난감을 보여주며 아이
가 더 좋아하는 쪽을 가리키거나 그쪽으로 손을 뻗도록 함
으로써 둘 중에 선택할 수 있도록 한다.

· 걸음마 하는 아이: 가족의 의사 결정에 아이도 참여시킨다.
(예: "이번 주말에 동물원에 갈 건데, 어떤 동물부터 볼까?")

· 유치원생: 만들기 재료나 블록을 언제든지 가지고 놀 수 있
는 환경을 조성해준 다음, 아이가 무엇을, 어떻게 만들지 스
스로 결정하게 한다.

· 초등학생: 아이의 관심사와 관련 있는 영상을 보거나 책을
읽도록 하고, 아이가 흥미를 보이는 놀이 활동을 하는 등
아이의 관심사를 최대한 활용한다.

자유 놀이, 그중에서도 특히 가상 놀이를 장려한다

· 영아: 아기들이 어떻게 상황을 주도하는지 살핀다. 예를 들
어, 아이가 어떤 장난감 쪽으로 손을 뻗는지 주목하고 아이
의 탐구 활동을 도와준다.

· 걸음마 하는 아이: 아이의 가상 놀이에 필요한 소품(인형,
담요, 장난감 자동차)을 제공해주고 아이의 가상 놀이에서
무슨 일이 일어나고 있는지 해설자처럼 설명해준다.

· 유치원생: 음악 수업이나 체육 수업과 같이 구조화된 활동

을 지나치게 많이 하지 않는다. 대신 아이가 상상력을 발휘해서 자신과 주변 환경을 변신시키는 놀이를 하게 한다.

· 초등학생: 계속 가상 놀이를 하도록 장려하고, 아이가 가상 놀이를 주도하도록 한다.

아이에게 스스로 계획하고 성찰할 기회를 주고, 이를 도와준다

· 영아: 아이가 방을 가로질러 기어가 장난감을 다시 가져오는 것과 같이 의도한 목표를 달성했을 때 이를 인지하고 해설자처럼 말로 설명해준다.

· 걸음마 하는 아이: 아이 스스로 간단한 계획을 세워보게 한다. (예: "놀이터를 떠나기 전에 무얼 하고 싶니?")

· 유치원생: 아이가 활동 목표를 말하면 계획을 세밀하게 짤 수 있도록 도와준다. (예: "고양이를 만드는 것이 목표구나. 몸통 부분은 어떻게 만들 거야? 다리랑 꼬리는? 만드는 데 어떤 재료가 필요할까?")

· 초등학생: 아이가 활동을 마친 뒤 어떤 점을 잘했고 어떤 점을 더 잘할 수 있었는지 함께 대화한다.

당신의 실행 기능도
강화하라

우리는 부모로서 아이들의 부족한 실행 기능을 보고 너무나 자주 실망한다. 하지만 우리 아이들이 우리의 행동을 지켜보고 우리의 말을 경청함으로써 자신들을 둘러싼 세상에 대처하는 방법을 배운다는 사실은 까맣게 잊곤 한다. 내 아들 제이콥은 나한테서 자기 억제력, 자기 통제력, 인지적 유연성을 배우고 있었지만, 성격이 불같고 참을성도 부족했다. 인정하기 힘들지만, 사실이다. 나는 처음에 제이콥이 그렇게 행동하는 것을 보고 남들을 탓했다. '어쩜 제이콥이 우리 엄마랑 똑같이 행동하네!' 또는 '아무래도 유치원을 옮겨야겠어. 나쁜 건 죄다 거기서 배워오잖아!'

라고 생각했다. 그러던 어느 날 나는 우연히 제이콥이 자기 장난 감 기차에 대고 하는 말을 들었다. "넌 도대체 뭐가 문제니?" 그 것은 전날 밤 내가 남편에게 한 말이었다. 흠뻑 젖은 우산을 식 탁에 올려놓은 남편에게 아이들이 보는 앞에서 이렇게 소리 질 렀던 것이다. 나는 내 실행 기능, 그중에서도 특히 자기 통제력을 강화해야 했다. 전날 밤, 나는 이 생각 저 생각으로 정신이 산만 했고 무슨 말을 할지, 내 말을 누가 옆에서 듣고 있는지 전혀 고 려하지 않고 내게 닥치는 모든 일에 생각 없이 반응했다.

내 아들이 내가 했던 말을 똑같이 흉내 내는 걸 듣는 순간, 너 무나 끔찍하게도 내 아이가 우리 엄마나 유치원 친구가 아닌, 바 로 나를 따라 하고 있다는 걸 깨달았다. 아동 발달 측면에서, 이 러한 과정은 공동 조절co-regulating과 관련이 있다. 공동 조절이란 부 모가 아이에게 주의를 집중해 아이가 자기 생각과 감정을 어떻 게 이해하고 표현하는지 살펴보고, 적절한 수준의 지원과 함께 아이에게 일관성 있고 섬세하게 대응하며, 행동을 조절하는 방법 을 모델링하는 것을 말한다.[52]

나는 교실에서는 내 학생들과 신중하게 공동 조절했지만, 집 에서는 그러지 못했다. 교실에서는 나 자신의 행동을 끊임없이 스스로 평가하고, 학생들이 행하길 바라는 바람직한 행동을 모델 링하려고 노력했다. 또 학생들의 개별 성향에 알맞은 방식으로 대응할 수 있도록 아이들이 무의식적으로 보내는 신호를 유심히 관찰했다. 예를 들어, 세 살인 조시는 수줍음이 상당히 많은 편이어서 교실의 독서 코너에 숨어 있는 조시에게 다가갈 때는 천천히 행동하고 평소보다 부드러운 어조로 말했다. 하지만 집에서는 내 아이들을 위해 이런 노력을 전혀 하지 않았다. 난 가족과 함께 있을 땐 주의가 산만했고 생각 없이 즉각 반응했다. 난 내 아이들이 보내는 신호, 특히 제이콥이 보내는 신호에는 전혀 주의를 기울이지 않았다. 제이콥은 불같은 기질을 가지고 있었는데, 아이가 자제력을 잃으면 아이의 불같은 기질과 내 불같은 성미가 맞붙었다. 당신 역시 직장 동료나 낯선 사람과 같이 있을 땐 가족과 함께 있을 때보다 상호작용하려고 의도적으로 더 노력하고 더 친절하며 호의적이라는 점을 느꼈을 것이다.

집에서의 실행 기능을 강화하려면, 공동 조절의 관점에서 생각하자. 자신에게 이렇게 물어보자. '나는 집에서 어떻게 행동하고 싶은가?' 잠시 조용히 앉아서 아이와의 최근 상호작용 중 후회되는 일을 떠올려보자. 평소에 일기를 쓴다면, 그 일의 줄거리를 적고 이에 관해 떠오르는 생각들을 적어보자. 먼저, 그 일을 떠올리는 순간 당신의 몸에서 느껴지는 미세한 신체 감각에 주목하자. 만일 판단하는 마음이나 수치심이 든다면, 그 마음은 잠시 접어두자. 과거를 돌아보며 객관적으로 성찰하고, 어떤 점을 개선해야 할지 자문하는 과정을 통해 당신은 더 지혜롭게 성장할 수 있다.

다음 질문들을 하나하나 짚어보며 아이와 있었던 일을 최대한 객관적으로 되돌아보고 이를 통해 당신의 실행 기능을 강화하도록 하자.

아이의 행동과 관련하여

· 당시에 아이의 몸짓언어와 어조는 어떤 메시지를 보내고 있었는가? 이 메시지가 아이가 말한 내용과 같은가? 아니면 다른가?

· 아이가 전달하고자 했던 메시지는 무엇인가? 아이는 자신의 욕구를 어떻게 표현했는가?

· 하교 시간이나 스크린 타임 직후, 혹은 식사 시간 사이처럼 아이가 이런 행동을 보이는 특정 시간대나 이런 행동이 나타나기 직전에 반복되는 루틴이 있는가? 아이 행동에 어떤 패턴이 있는가?

· 아이의 행동에서 당신의 모습이 보이는가? 아이와 당신의 기질은 비슷한가?

당신의 행동과 관련하여

· 이 일을 기회로 삼아 아이와 어떻게 공동 조절할 수 있을까?

· 당신이 했던 말 이외에 당신의 몸짓언어, 어조, 행동은 아이에게 어떤 메시지를 전달했는가? 당신이 한계에 다다랐다고 느꼈을 때가 언제이며, 그 이유는 무엇인가?

· 아이에게 좀 더 세심하고 일관성 있게 대응하려면 앞으로 어떻게 해

야 할까? 그 일을 다시 떠올려 새로운 방식으로 공동 조절하는 모습을 상상해보자. 그때와 다른 접근법을 시도해보니 기분이 어떤가?

인내심을 가지자. 앞으로도 아이가 보내는 신호에 주의를 기울이지 못할 때가 있을 것이다. 이것은 지극히 정상이다. 그러니 아이가 보내는 신호를 놓쳤다고 해서 자신을 자책하지 말자. 당신의 실행 기능을 강화하는 가장 좋은 방법은 당신의 행동을 주의 깊게 관찰하고 성찰하며 계획을 세워 점진적으로 변화시키려고 노력하는 것이다.

2부에서는 아이의 행동에 관해 질문하는 방법, 아이를 존중하며 아이의 대답을 경청하는 방법, 그리고 아이가 왜 이런 행동을 하는지 부모 마음대로 넘겨짚지 않는 방법을 살펴볼 것이다. 이 방법들을 통해 당신의 행동을 관찰하고 성찰하며 변화시키는 능력을 강화할 수 있다. 실행 기능에 관한 지식을 기반으로 이 방법을 실천하면, 당신의 가족은 함께 공동 조절하고 성장하며 발전할 수 있을 것이다.

이 장에서 살펴봤듯이 아이의 실행 기능을 발달시키면 아이는 정서 지능의 기초를 튼튼히 다져 잠시 멈춰서 주의를 집중하고, 계획을 세우며, 활동의 목적을 계속 기억할 수 있다. 다시 말해, 실행 기능은 아이가 다른 사람과 긍정적으로 상호작용하는 사고방식을 갖도록 해준다. 일상생활에서 대화, 놀이 활동, 시간 계획 등 다양한 방법으로 아이의 실행 기능 발달을 도울 수 있다.

지금까지 우리는 아이의 사회적·정서적 발달을 집중적으로 살펴봤다. 지금쯤 당신 머릿속에는 한 가지 질문이 떠오를 것이다.

'가정마다 부모의 가치관과 양육 방식이 다른데, 이것이 아이의 사회적·정서적 발달에 어떤 영향을 미칠까?'

다음 장에서는 가족 문화와 가족 내 동정심이 아이의 사회적·정서적 발달에 어떤 영향을 미치는지 알아보겠다.

4 장

가족 문화 안에서
아이의 동정심을 기르자

학기 초에 테런스(3세)는 매일 간식 시간마다 울면서 유치원에서 주는 차가운 사과 조각들을 먹지 않겠다고 거부했다. 한편, 나디아(4세)는 분장 의상 상자에서 꺼낸 소방모를 들고 화장실에 숨었다. 나는 아이들이 왜 이런 행동을 하는지 이해할 수 있을 정도로 아직 아이들을 잘 알지 못했지만, 아이들이 이 행동을 매일 반복하는 데에는 분명 이유가 있으리라 생각했다. 중국과 미국의 국제학교에서 다양한 문화권의 아이들을 가르친 경험으로 미루어 생각해보니 테런스와 나디아가 가족 문화의 영향을 받아 이렇게 행동하는 건 아닌지 궁금해지기 시작했다. 나는 아이들의 가족과 대화하며 아이들에 관해 더 잘 알아보려고 의식적으로 노력했다.

테런스의 엄마는 중국 가정에서 자라면서 차가운 음식은 소화가 잘 안 되고 먹으면 배가 아플 수도 있다는 것을 배웠다고 했다. 테런스 엄마의 설명을 듣자, 나는 테런스가 간식 시간마다 왜 울었는지 이해할 수 있었다. 테런스는 차가운 사과를 먹으면 배가 아플 것이라고 믿었던 것이다. 나디아의 할머니와 대화한 뒤로는 나디아의 행동도 이해가 됐다. 나디아의 할머니는 내게 이렇게 말했다.

"유치원에서 나디아가 소방관 분장을 하지 못 하게 하세요. 소방관은 여자애가 가질 직업이 아니잖아요."

나디아의 할머니는 동유럽 출신으로, 성 역할과 직업에 관한 자신만의 문화적 견해를 가지고 있었다. 하지만 나디아는 다른 아이들처럼 모든 의상을 입어 보고 싶었고, 그래서 화장실에 몰래 숨어서 소방관 분장을 했던 것이다.

이 장에서는 가족 문화와 동정심이 아이의 사회적·정서적 학습을 어떻게 돕는지 살펴볼 것이다. 이에 앞서 이 책에서 '가족 문화'라는 용어가 무엇을 의미하는지 명확히 할 필요가 있다. '문화'라는 용어의 뜻과 용법이 워낙 다양하기 때문이다. 예를 들어, 비교문화심리학Cross-cultural Psychology은 문화적 요인이 행동에 어떤 영향을 미치는지 탐구하는 학문으로, 대개 유럽 및 북아메리카의 문화를 세계 다른 지역의 문화와 비교한다. 이 책에서는 문화라는 용어가 가족의 맥락 안에서 사용되며, 가족의 사고방식, 감정, 판단, 행동을 아우르는 특정 가치관, 전통, 규범을 뜻한다. 우리는 모두 우리가 태어나거나 자라온 가족 문화의 영향을 받는다. 가령, 당신이 생일을 중시하는 가족 안에서 자랐다면 친구나 배우자가 당신 생일을 깜빡했다거나 선물을 주지 않았을 때 매우 실망할 것이다.

아이가 끊임없이 성장하는 것처럼, 가족 문화도 항상 성장하고 변화한다. 각 가족 구성원은 자신의 발달 단계에 따라 각자 자기만의 방식으로 세상을 인식한다. 그리고 각 가족 구성원이 모인 전체로서의 가족은 집합적으로 발달한다. 가족 내 상황은 가족 구성원의 탄생, 죽음, 질병 등의 요인으로 변화한다. 사회, 정치, 경제, 기술과 같은 더 큰 외부적 요인도 가족 문화에 영향을 주며 가족은 이런 변화에 적응해야 한다. 여러 가지 사건이나 상황으로 인해 당신 가족의 규범은 불가피하게 여러 도전에 직면하게 될 것이다. 이러한 상황에서 당신의 가족 문화가 계속 번영하려면, 가족 구성원 간에 동정심이 꼭 필요하다. 우리가 지금까지 살펴본 아이의 마음 이론, 언어와 의사소통 능력, 실행 기능의 연속적인 발달 과정은 모두 부분적으로 당신의 가족 문화와 동정심의 영향을 받는다.

나디아와 테런스의 믿음과 행동은 대부분의 아이들과 마찬가지로 그들의 가족 문화에 의해 형성되었다. 아이의 믿음과 행동이 가족 문화의 영향을 받는다는 아이디어는 새로운 것이 아니다. 1920년대에 심리학자 레프 비고츠키Lev Vygotsky는 아이가 세상을 이해하는 방식은 성인과 다른 아이들과의 사회적 상호작용을 통해 형성된다고 주장했다.[53, 54] 즉, 아이들은 고립된 곳에서 혼자 발달하는 것이 아니라 다면적이고 끊임없이 진화하는 세상 속에서 발달한다.

비고츠키의 사회문화적 발달 이론은 아이가 다른 사람과 놀며 협동하는 과정에서 그 문화와 사회에 속한 구성원들이 무엇을 중시하는지 배운다는 것을 강조한다. 아이는 배운 대로 생각하고 행동하는데, 종종 가족의 말과 행동을 통해 배운다. 예를 들어, 친척들이 가까이 사는 환경에서 자라는 아이가 생각하는 '가족'이라는 개념은 친척들이 멀리 떨어져 사는 아이가 생각하는 '가족'과 다를 것이다. 이처럼 가족 문화는 아이가 배우는 내용과 방식의 토대를 마련한다.

아이의 인플루언서
파악하기

'인플루언서influencer'는 우리가 소셜미디어에서 자주 접하는 말이지만, 이 책에서는 이 용어를 아동 발달 측면에서 사용하고자 한다. 이 책에서 말하는 인플루언서는 아이를 지도해주고 안전하게 지켜주며, 아이의 성장을 돕는 사람들이다. 가족 이외에 당신 아이에게 영향을 주는 사람들은 늘 있게 마련이다. 당신이 이 인플루언서들을 통제할 수는 없다. 하지만 이들이 당신 아이에게 미치는 영향에 어떻게 대응할지는 미리 준비할 수 있다. 아이는 인생에서 가족, 친척, 친구, 교사, 코치, 아이 돌보미 등 수많은 인플루언서를 만날 것이다. 이뿐만 아니라, 아이가 좀 더 자라면 소셜미디어에 포스트를 올리는 이들에게도 많은 영향을 받을 것이다. 이 인플루언서들의 과거 경험과 문화적 전통은 이들의 믿음과 행동을 형성했으며, 이들의 믿음과 행동은 당신 아이의 믿음과 행동에 영향을 미친다.

다음 로버트의 이야기를 함께 살펴보자. 네 살인 로버트는 친구 조나네 집에 놀러 갔다가 잔뜩 화가 난 채 돌아왔다.

"앞으로 다시는 조나네 집에서 점심을 먹지 않을 거예요. 조나는 내가 우유를 못 마시게 할 테니까요. 조나가 그러는데, 음식을 먹을 때 우유를 같이 마시면 안 된대요. 저는 점심 먹을 때마다 우유를 마시는데 말이에요. 조나는 왜 칠면조 샌드위치랑 우유를 같이 먹는 게 나쁘다고 얘기했을까요? 우유는 우리 몸에 좋지 않아요?"

로버트는 계속 화를 냈다. 그 순간 로버트의 엄마인 카렌은 조나의 가족이 유대교 율법에 따른 코셔kosher 식단(전통적인 유대교 율법에 따라 식재료를 선택하고 조리한 음식으로, 음식의 혼합이나 먹는 순서도 세세하게 규정하고 있다. 예를 들어, 코셔 육류는 우유, 치즈 등 유제품과 함께 먹어서는 안 된다_역주)을 지킨다는 것을 깨달았다. 카렌은 로버트가 조나네 집에 놀러 가기 전에 조나네 가족이 코셔 식단에 따라 식사할 수도 있음을 로버트에게 귀띔해줄 생각을 미처 하지 못했다. 그녀는 로버트를 진정시키고 조나가 일부러 못되게 굴려는 게 아니라 식사와 관련된 가족의 종교적 전통을 따른 것이라고 설명해주었다. 카렌은 무엇보다도 로버트가 다른 사람과의 차이를 받아들일 줄 아는 아이로 자라길 바랐다. 그러기 위해서는 로버트가 모든 가족은 특별하며 그들의 가족 문화를 반영하는 규범과 믿음, 가치를 따른다는 사실을 배워야 했다.

인플루언서의 개념은 유리 브론펜브레너Urie Bronfenbrenner의 생태학적 발달 체계 이론에서도 찾아볼 수 있다. 그는 아이의 환경을 집, 학교와 같은 직접적인 환경부터 더 광범위한 문화적 관습과 법에 이르기까지 여러 가지 체계로 구분했으며, 이 체계들이 복잡한 방식으로 상호작용하면서 아동 발달에 영향을 미친다고 주장했다.[55] 좀 더 구체적으로 살펴보면, 아이의 '미시체계microsystem'는 일상생활에서 아이에게 직접적으로 영향을 주는 환경으로, 부모와 형제자매, 친구, 선생님, 이웃이 이에 해당된다. 브론펜브레너는 이러한 미시체계의 관계가 쌍방향으로 작용함을 강조한다. 즉, 아이의 행동이 부모 사이의 관계에 영향을 줄 수 있고, 반대로 부모 사이의 관계가 아이와 상호작용하는 방식에 영향을 미칠 수 있다. 아이에게 영향을 미치는 환경의 또 다른 '층'은 '거시체계macrosystem'다. 이는 정부, 종교, 정치적 견해와 같이 더 넓은 문화적 영향을 포함한다. 예를 들어 여러 문화권에서 교육을 중시하는데, 이러한 문화는 그 사회에 속한 사람들의 관점과 관습에 많은 영향을 미친다.

아이의 인플루언서들을 체계적으로 파악하려면 인플루언서 맵을 그리는 것이 도움이 된다. 다음 인플루언서 맵 그리기 활동은 브론펜브레너의 이론에서 영향을 받았으며, 이 그림을 통해 아이의 인플루언서들이 이루는 다양한 층과 체계를 파악할 수 있다.

① 종이의 한 가운데에 원을 그리고, 원에서 태양 광선처럼 뻗어 나오는 직선들을 그린다.

② 원의 중앙에 아이의 이름을 적고, 각 직선의 끝에 인플루언서의 이름을 적는다.

③ 직선 끝에 쓴 이름들에 각각 원을 그린 다음, 각 원에서 뻗어 나오는 직선들을 그린다. 이 직선의 끝에는 인플루언서에게 영향을 준 인플루언서들의 이름을 적는다.

④ 인플루언서의 문화, 가치관, 관습과 믿음, 법과 규칙, 자원, 환경 등의 체계가 그의 생각과 행동에 어떤 영향을 미치는지 생각해보자.

⑤ 아이가 어떻게 발달하며 누구에게서 영향을 받는지 시스템 싱커 systems thinker들이 생각하는 방식대로 생각해보자. 시스템 싱커는 누가 누구에게 영향을 미치는지, 이 관계에서 원인과 결과는 각각 무엇인지 폭넓은 시각으로 바라본다.[56]

인플루언서 맵

당신 아이에게 영향을 미치는 사람은 누구인가?

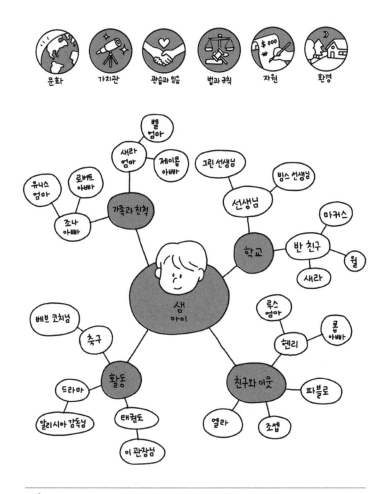

✏️ 나만의 인플루언서 맵을 만들어보자.

당신이 인플루언서 맵을 그려보면, 맵 안에 원과 직선들이 너무 많아서 깜짝 놀랄 것이다. 아이에게도 수많은 인플루언서가 있다. 아이의 인플루언서들이 누구인지 파악하고, 그들의 다양한 문화와 가치관을 살펴보며 아이와 인플루언서의 관계가 쌍방향으로 작용한다는 사실을 고려하면 아이가 세상을 이해하는 방식을 명확히 알 수 있으며, 아이가 당신의 가족 문화와 다른 관습이나 견해에 관해 질문할 때 어떻게 대화할지 미리 대비할 수 있다.

한편, 당신의 양육 방식에 도전하고 아이가 가족 문화에 의구심을 품게 만드는 인플루언서들은 어딜 가나 꼭 있다. 이러한 인플루언서들을 염두에 두고 당신의 가족이 우선시하는 가치, 즉 가족 가치가 무엇인지, 또 이 가치를 아이에게 어떻게 가르치고 모델링할지 구체적으로 생각해보자.

가족 가치 목록 만들기

나는 유치원 교사 시절, 매년 신학기 학부모 총회에서 학부모
들에게 성격 특성 목록을 나눠주며 중요하다고 생각하는 순서대
로 순위를 매겨달라고 요청했다. 우리 교실의 아이들은 핵심 가
치를 공유하는 한 가족이나 마찬가지였으므로, 우리는 서로에게
끼치는 영향에 주의하면서 한 팀으로서 핵심 가치를 함께 기르
려고 노력했다. 무엇보다도 나는 각 학생의 가족이 추구하는 핵
심 가치가 다 다르더라도 이를 교실의 핵심 가치에 통합하고 싶
었다. 그래서 나는 학부모들에게 그들이 중요하게 생각하는 성격
특성 다섯 개를 골라 순위를 매겨달라고 부탁했다. 이 활동의 목

적은 모든 학부모가 자신의 가치관을 찬찬히 되돌아보도록 하는 것이었다. 당신도 잠시 시간을 내어 이 활동을 해보길 권한다. 다음은 우리 반 학부모에게 나눠줬던 성격 특성 목록이다. 이 목록에서 당신이 가장 중시하는 다섯 가지는 무엇인가?

- 수용: 다른 사람의 생각과 관습이 나와 다르더라도 열린 마음으로 받아들이는 것
- 동정심: 당신이나 다른 사람이 어려움을 겪을 수도 있음을 이해하고 이때 도와주기를 원하는 마음
- 용기: 어려운 일에 기꺼이 도전하는 마음
- 평등: 모든 사람이 똑같이 존중받고 똑같은 권리를 누릴 자격이 있다고 믿는 것
- 적응력: 유연하게 사고하고, 필요할 때 계획 또는 생각을 변경하는 능력
- 공정성: 공정한 방법에 따라 공유하거나 행동하는 것
- 관대함: 다른 사람을 돕기 위해 기꺼이 자원을 공유하거나 나눠주려는 마음
- 정직: 거짓이 없고 솔직한 것
- 진실성: 자신의 도덕적·윤리적 원칙에 따라 행동하는 것
- 친절: 배려심 있고 다른 사람을 잘 대하는 것
- 존중: 상대가 지닌 가치를 고려하며 대하는 것

- 열린 마음: 다른 사람을 경청하고 그들의 생각을 존중하는 것
- 인내: 힘겨운 도전 속에서도 계속 버티는 것
- 공손함: 사회 규범에 따라 행동하며 예의가 바름
- 책임감: 다른 사람이 신뢰할 수 있는 사람이 되는 것
- 자기 통제력: 침착함을 유지하며 자신의 말과 행동을 관리하는 능력
- 기타: 이 밖에 중시하는 성격 특성

이 활동을 양육 파트너와 같이할 때 서로 우선순위 가치가 다를 수 있으며 이는 지극히 정상이다. 당신과 양육 파트너가 중시하는 가치가 서로 다른 이유는 당신과 파트너가 그동안 서로 다른 인플루언서들을 만났기 때문이다. 이 활동의 목적은 당신의 사회적 상호작용을 의식적으로 고려하며 당신 아이에게 어떤 영향을 미치고 싶은지 신중하게 생각하는 데 있다. 당신이 중시하는 가치에 이름을 붙이고 양육 파트너와 이 가치에 관해 함께 대화하면 당신과 양육 파트너가 양육 목적을 공유할 수 있으며, 아이에게 어떻게 영향을 미칠 것인지에 관한 길잡이 또한 함께 마련할 수 있을 것이다.

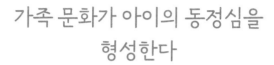

가족 문화가 아이의 동정심을
형성한다

아이의 인플루언서에 관해 생각하고 우리가 중시하는 가치를 성찰해 아이에게 모델링하는 주요 이유 중 하나는 우리가 아이에게 동정심을 기르는 방법, 즉 다른 사람을 배려하는 방법을 가르쳐야 하기 때문이다. 동정심에 관한 선도적 사상가인 카렌 암스트롱Karen Armstrong은 동정심을 활성화하기 위해 황금률Golden Rule(남에게 대접받고자 하는 대로 남을 대접하라)의 관점에서 생각하기를 권한다.[57] 암스트롱은 '황금률을 부활시키자Let's Revive the Golden Rule'라는 제목의 테드 강연에서 우리는 우리 마음을 들여다보고 무엇이 우리를 고통스럽게 하는지 파악한 다음, 남에게 똑

1부 아이의 세 가지 핵심 발달을 장려하라

같은 고통을 주지 말아야 한다고 말했다.

아이가 동정심을 기르는 데는 시간이 필요하다. 그리고 가족 문화는 아이의 동정심에 관한 관점을 형성한다. 예를 들어, 당신의 가족 문화에서는 고통받는 사람을 봤을 때 그 사람에게 물리적으로 가까이 다가가는 것이 동정심을 표현하는 행동이라고 여긴다고 가정해보자. 어느 날 아이와 함께 주차장에서 한 노인이 넘어지는 것을 목격했다. 당신은 넘어진 노인을 돕기 위해 허리를 굽히고 손을 뻗어 그 노인을 일으켜주려고 한다. 하지만 그 노인은 쌀쌀맞게 "나한테 너무 가까이 오지 마요"라고 쏘아붙인다. 그러면 아이는 혼란스러운 표정으로 당신을 쳐다볼 것이다. 이럴 때는 아이에게 동정심을 표현하는 행동이 가족 문화마다 다르다는 것을 알려주자.

우리는 마음 이론을 다룬 1장에서, 아이들이 가족이나 다른 인플루언서들의 감정 표현이나 반응을 통해서도 사회적인 상호작용을 이해한다는 사실을 살펴봤었다. 동정심을 표현하는 행동은 사람마다 다를 수 있지만, 동정심을 표현하는 궁극적인 목적은 누구나 똑같다. 그 목적은 바로 다른 사람에게 고통이나 상처를 주지 않는 것이다. 대부분의 가족 문화는 친절과 동정심이라는 가치를 중시하며, 아이에게 동정심을 모델링하고 그것을 길러줄 방법에는 여러 가지가 있다.

아이의 동정심 함양은 정서 지능 발달에 매우 중요하다. 동정심이 있는 아이는 친절하고, 타인을 용서할 줄 알며, 서로 다름을 수용할 수 있다. 이러한 동정심은 '공감'을 빼놓고는 논할 수 없다. 공감과 동정심은 서로 밀접하게 관련되어 있다. 공감 능력은 다른 사람이 어떤 생각을 할지 또는 어떤 감정을 느낄지 감지하거나 상상하는 능력이며, 동정심은 다른 사람을 도와주려는 욕구다.[58] 아이들은 이 두 가지를 모두 길러야 한다. 흥미롭게도, 한 연구는 이 두 가지가 서로 다른 뇌 영역을 활성화한다는 사실을 밝혀냈다. 즉, 공감 능력은 자아 인식 및 감정과 연관된 뇌 영역을 활성화하며, 동정심은 학습 및 의사 결정과 연관된 뇌 영역을 자극한다.[59]

우리는 3장에서 아이의 실행 기능을 발달시키는 방법을 살펴봤었는데, 공감 능력과 동정심도 실행 기능과 마찬가지로 후천적으로 발달시킬 수 있다. 신경과학자들이 실시한 여러 연구에 따르면, 공감 능력과 동정심은 교육을 통해 발달시킬 수 있는 능력이며, 동정심 훈련 프로그램을 통해 아이가 친사회적 행동을 하도록 할 수 있다.[60, 61]

유치원 선생님 시절에 가르쳤던 매디라는 아이는 사회성이 뛰어났고, 친구들의 기분과 감정을 알아채는 데 탁월한 능력이 있었다. 친구들이 하는 가상 놀이에 중간에 참여하게 될 때도 친구들이 놀이하는 모습을 유심히 지켜보다가 친구들이 정해준 역할을 기꺼이 맡음으로써 누구의 심기도 건드리지 않은 채 자연스럽게 놀이에 스며들었다. 아이들은 자기들의 기분과 요구 사항에 잘 맞춰주는 매디랑 노는 걸 좋아했다. 이런 내용을 매디의 부모에게 말해줬을 때, 그들은 서로를 향해 미소 지으며 매디가 그렇게 행동할 수 있는 건 잠자리에 들기 전에 가족이 함께하는 게임 덕분이라고 말했다.

매디의 부모는 자녀들이 가족은 물론 다른 사람들도 배려하길 바랐다. 그래서 가족, 친구, 낯선 사람들의 사진을 이용한 게임을 만들었다고 한다. 이 게임에서 매디의 가족은 한 사람씩 돌아가며 자기가 사진 속 사람이 되었다고 상상했다. 만일 사진 속 인물에게 도움이 필요한 상황이라면, 매디의 부모는 매디가 그 사람에게 동정심을 보여주려면 어떻게 행동해야 할지 생각해보도록 했다. 당시에 매디는 다섯 살이었는데, 이때가 공감 능력과 동정심의 핵심 요소인 조망 수용 기술, 마음 이론의 기초적인 이해가 싹트는 시기라 이 게임을 하기엔 최적기였다. 이 게임은 아이의 말문이 트인 이후부터 할 수 있다.

다음은 아이의 공감 능력과 동정심을 길러줄 수 있는 사진 게임 방법이다.

① 게임 활동 전에, 활동 범위를 구체적으로 설정하고 그대로 따른다. 가령, "오늘 밤엔 잠자리 독서 전에 어떤 사진을 같이 볼 거야"라고 말한다. 이렇게 하면 아이가 늦은 시간까지 계속 놀고 싶어서 떼쓰

는 걸 미리 막을 수 있다.

② 가족이 여러 명 나오는 사진을 한 장 준비한다.

이 활동의 목적은 사진을 보고 대화하며 아이의 동정심을 기르는 것
이다. 따라서 여러 가족이 다양한 표정이나 행동을 활동적으로 보여
주는 사진을 사용하는 것이 좋다.

③ 아이가 사진 속 사람들의 관점을 취해 그들에게 공감해보도록 한다.

이때 아이가 사람들의 생각과 감정, 행동을 판단하지 않도록 한다.
사진 속 사람들에 관한 당신의 생각을 소리 내어 말한다. 아이에게
사진 속 상황을 설명하며, 사람들은 장소나 시간에 따라 특정 방식
으로 행동한다는 사실을 알려준다.

④ 사진 속 인물 중 한 사람이 되었다고 가정하고 그 사람의 생각과 감
정을 상상해서 말한다.

사진 속에 불행해보이거나 불안해보이는 사람이 있으면, 아이에게
그 사람을 돕기 위해 무엇을 할 수 있을지 물어본다.

다음은 이 게임 활동의 대화 예시다.

엄마: 오늘 밤엔 잠자리 독서 전에 게임을 하나 할 거야. 엄마가 우
리 가족 사진을 한 장 보여주면, 우리 모두 그 사진 속 사람이 되어
보는 거야. 우선, 엄마가 사진 속 아빠가 되어 볼게. 음, 아빠가 여기
에서 무슨 생각을 하고 어떤 감정을 느낄까? 아마도 아빠는 이렇게

1부 아이의 세 가지 핵심 발달을 장려하라

생각할 것 같아. '○○랑 같이 공원에 나오니까 좋다. 아, 이 그네가 정말 높이 올라가는구나. 계속 서서 그네를 미니까 다리가 아프다. (아빠의 배에서 꼬르륵 소리가 난다) 배도 좀 고프네. (개를 가리키며) 샘슨도 배가 고플까? 집에 가면 샘슨에게 밥을 평소보다 더 많이 줘야겠다.'

아이: (하하 웃으며) 이제 제 차례예요.

엄마: 넌 누가 되어 보고 싶니? (아이는 사진 속의 자신을 선택할 수도, 당신이 했던 말을 똑같이 따라 할 수도 있다. 어떻게 하든 아이가 자아를 인식하는 데 도움이 되기 때문에 괜찮다. 만일 아이가 사진 속 자신을 선택해서 말했다면, 이번에는 다른 사람이 되어서 활동을 한 번 더 해보지 않겠냐고 물어보자. "이번에는 사진 속 할머니가 되어보지 않을래?"라고 물어봄으로써 아이가 다른 사람의 입장을 상상해보도록 할 수 있다. 일단 아이가 다른 사람이 되어 말하기 시작하면, 아이의 말을 주의 깊게 경청하자.)

아이: 할머니가 되어 볼게요. 할머니는 지금 이렇게 생각하고 있어요. '난 새 보는 것을 좋아해서 공원에 오는 게 참 좋아. 나는 지금 샘슨이랑 벤치에 앉아 있어. 샘슨이 새들을 쫓지 않도록 샘슨을 잘 잡고 있어야겠다.'

엄마: 만일 샘슨이 갑자기 달려가 새를 쫓으면 어떻게 될까? 샘슨이 새를 쫓아버리면 할머니가 샘슨에게 뭐라고 말씀하실까? 샘슨이 새를 쫓느라 할머니를 마구 잡아당기면 넌 할머니를 어떻게 도와드릴래?

게임 활동을 마무리하며 아이에게 이야기해주자. 다른 사람의 생각이나 감정은 그들에게 직접 물어보지 않는 한 결코 알 수 없지만, 지금처럼 다른 사람의 생각이나 감정을 상상해보는 연습을 하는 것은 우리가 그들을 배려하고 있음을 보여주는 좋은 일이라고 말이다.

1부 아이의 세 가지 핵심 발달을 장려하라

당신의 양육 유형에 알맞은 방식으로
동정심 모델링하기

아이의 공감 능력과 동정심을 기르려면, 앞서 소개한 게임을 하는 것 이외에도 동정심을 모델링해야 한다. 당신은 동정심을 모델링하는 데 큰 노력이 필요하다는 사실을 이미 깨달았을 것이다. 클레이턴은 거의 매일 아침 이 생각을 했다. 그는 시계를 보고 안도의 한숨을 내뱉으며 '오늘 아침에는 딸아이인 아리아가 자제력을 잃지 않고 잘 넘어가는구나'라고 생각했다. 그런데 이런 생각을 하자마자, 아리아가 엉엉 울기 시작했다. 세 살인 아리아는 앉아서 고래고래 소리를 지르며 주먹으로 바닥을 쾅쾅 내리쳤다.

"싫어, 아빠 싫다고!" 아리아는 울부짖었다. "이 양말은 안 신을 거야. 초록색이 아니잖아. 난 초록색 양말을 신고 싶어."

아리아를 도저히 달랠 수 없었다. 반려묘까지 깜짝 놀라 방 밖으로 달아났다. 클레이턴도 고양이를 따라 이 방을 벗어나고 싶은 마음이 굴뚝 같았지만, 아리아를 등원시켜야 했다. 그는 시계를 힐끗 쳐다봤다. 직장에 지각할 수는 없었다.

클레이턴은 이 양말 사태를 5분 내로 해결해야 했다. 화가 치밀어 오르고 가슴이 꽉 조여왔다. 그는 잠시 멈췄다. 어제처럼 아이한테 울지 말라고 큰 소리로 다그치지는 않을 생각이었다. 클레이턴은 양손을 털고, 손가락을 꼼지락거리며, 손바닥을 계속 접었다 폈다. 이렇게 하니 진정이 되고 마음에 약간의 여유가 생겼다. 그는 아리아에게 아빠의 동정심이 필요하다는 사실을 알지만, 아직 아이에게 동정심을 표현할 마음의 준비가 되지 않았다. 그의 양육 유형은 통제적이고 덜 관대한 편이며, 특히 출근 시간에는 이런 성향이 더 두드러진다. 클레이턴은 아리아의 감정이 왜 폭발하는지 항상 이해하지는 못했지만, 시간의 흐르면서 인내심과 동정심을 가지고 아이를 대하면 아이가 더 빨리 진정한다는 사실을 깨달았다.

대부분의 아이는 부모가 자기를 수용하고 인정하며 보호하고 아낀다고 느낄 때 침착함을 유지한다. 근본적으로, 아이가 당신의 동정심을 느낄 수 있어야 한다. 다짜고짜 초록색 양말을 원하

1부 아이의 세 가지 핵심 발달을 장려하라

는 아리아처럼, 아이가 가끔 울며불며 이해할 수 없는 행동을 하는 것은 아주 자연스러운 현상이다. 당신이 이따금 아이 행동을 보며 좌절하고 혼란스러워하는 것도 자연스러운 일이다. 클레이턴은 아리아의 눈물을 동정심을 얻기 위한 외침으로 생각하기로 했다. 아리아는 사실 '아침마다 아빠랑 헤어지는 게 좀 무서워요. 그래서 유치원에 갈 시간이 되면 겁이 나고 아빠 없이 지내야 하는 게 걱정돼요. 아빠가 절 걱정하고 언제나 곁에서 절 도와줄 거라고 말해주세요'라고 이야기하는 거였다.

당신의 양육 유형이 어떤지 알아보면, 동정심을 가지고 양육하는 데 도움이 된다. 다음 두 가지 사항을 명심하자.

① 양육 유형은 애정과 통제의 정도에 따라 결정된다.

애정은 아이를 따뜻하게 대하고 이해하며 지지하는 것과 연관이 있고, 통제는 아이 행동에 대한 당신의 반응, 아이가 용납할 수 없는 행동을 한 경우에 따르는 대가, 그에 따른 당신의 훈육과 관련이 있다.

② 양육 유형은 가족 문화에 깊은 영향을 받는다.

가족 문화는 우리가 어떤 행동을 어디까지 허용할지, 허용되지 않는 행동은 어떻게 통제할지 결정하는 데 영향을 미치기 때문이다.

동정심을 가족 문화의 중심에 두고, 당신의 양육 유형에서는 애정과 통제가 어떻게 균형을 이루고 있는지 알아보자.

1960년대에 캘리포니아대학교 버클리 캠퍼스의 발달 심리학 교수인 다이애나 바움린드Diana Baumrind는 부모의 양육 유형과 아이의 행동 사이에는 밀접한 연관이 있다는 이론을 발표했으며, 이 이론은 오늘날에도 많은 사람이 언급하고 있다.[62] 아동 발달을 연구하는 학자들이 중요하게 탐구하는 한 가지 주제는 부모의 양육 유형이 아이들의 행복과 발달에 미치는 영향이다. 바움린드는 양육 유형을 세 가지로 분류했으며, 네 번째 유형은 나중에 추가되었다. 그녀의 연구에 따르면, 부모가 추구해야 하는 양육 유형은 애정과 통제가 조화롭게 균형을 이룬 유형이다. 양육 유형의 저울이 어느 쪽으로든 너무 심하게 기울면, 잠시 멈추고 다시 균형을 맞춰야 한다.

당신이 바움린드가 분류한 각 양육 유형에 모두 다 해당되는 것 같아서 걱정될 수도 있다. 2부에서 애정과 통제 사이에 균형을 유지하는 방법을 살펴볼 것이니 일단 지금은 각 양육 유형을 구체적으로 살펴보면서 당신의 양육 유형이 애정과 통제 중 한쪽으로 심하게 기울었던 때를 떠올려보자. 당시 상황이 어떠했는가? 애정과 통제의 균형을 다시 맞추기 위해 어떻게 했는가?

권위적 유형

권위 있는 부모는 아이에게 규칙과 경계를 명확히 알려주는 동시에 아이에게 애정을 보이며 따뜻하게 대한다. 아이의 독립심을 존중하면서도 아이 행동에 대한 기대가 높고, 아이가 허용되지 않는 행동을 하면 적절하게 훈육한다. 또 아이와 이성적으로 대화하며 효과적으로 의사소통한다. 예를 들어, 아이와 함께 알맞은 취침 시각을 상의하고 그 이유를 설명해준다. 이 양육 유형에서는 애정과 통제가 똑같이 높은 수준으로 균형을 이룬다. 당신이 이 유형으로 양육한다고 상상해보자. 아이가 어떻게 반응하리라 생각하는가? 이렇게 양육하면, 아이가 당신의 동정심을 느낄 수 있을까?

독재적 유형

독재적인 부모는 엄격하고 아이가 잘못하면 용서하지 않는다. 이러한 부모는 아이에 대한 기대가 높지만, 아이가 독립심을 발휘하기보다는 복종하길 바란다. 그리고 따뜻하고 애정 어린 태도로 아이를 대하지 않는다. 대신 통제적이며 '그러게 내가 뭐랬어'라는 식의 어조로 대한다. 이 유형의 부모는 아이가 왜 벌을 받아야 하는지 물으면 '내 뜻이 그러니까'라는 식으로 반응한다. 이 양육 유형의 저울은 통제 쪽으로 많이 기울어져 있다. 당신이 지나치게 통제할 때 아이는 어떻게 반응할까? 당신이 이렇게 통제하고 나면 나중에 어떤 기분이 들까?

허용적 유형

허용적인 부모는 아이에게 애정을 보이며 따뜻하게 대한다. 하지만 아이가 규칙을 어기는 것에 대해 지나치게 관대하다. 이런 부모는 아이가 동네 친구랑 놀러 나가도 어디를 가는지 혹은 언제 집에 돌아올 건지 묻지도 않는다. 이 양육 유형의 저울은 애정 쪽으로 심하게 기울어져 있다. 당신이 어떤 통제도 하지 않는다면 아이는 어떻게 행동할까? 당신이 한 번도 통제하지 않다가 갑자기 통제하려 든다면 아이는 어떻게 반응할까?

방임적 유형

이 양육 유형은 바움린드가 분류한 유형이 아니고, 나중에 엘리너 매코비Eleanor Maccoby와 존 마틴John Martin이 추가한 유형이다.[63] 방임적인 부모는 애정과 통제 수준이 둘 다 낮다. 이런 부모는 아이의 행동에 무관심한 경향이 있으며, 아이에 관해 아는 게 거의 없다. 이 유형은 애정과 통제 수준을 저울질할 양육 저울이 아예 없다고 할 수 있다. 이런 방식으로 양육한다면 아이가 당신의 가족 가치를 어떻게 배울 수 있을까?

초록색 양말 때문에 실랑이를 벌였던 클레이턴과 아리아의 이야기로 다시 돌아가보자. 클레이턴은 처음에는 독재적 유형에 가깝게 행동했다. 그러다가 아리아를 진정시키려면 자신의 애정과 통제 수준을 다시 조절해야 함을 깨달았다. 그는 아이의 요구에 민감하게 반응하고 관심을 보이면서도 아이에게 양말을 신어야 한다고 엄격하게 말함으로써 상황을 성공적으로 해결할 수 있었다. 아이에게 애정 어린 관심을 보이면서도 아이가 가족 가치를 따르도록 적절하게 통제하는 방식으로 양육하려면, 다음 사항을 명심하도록 하자.

- 당신이 아이에게 어떻게 반응하며 무엇을 요구하는지 생각해보자. 당신 자신의 행동을 통제하는 것이 아이에게 행동을 통제하는 방법을 가르치는 것 못지않게 중요하다. 이와 관련해 5장에서 마음챙김 방법을 살펴볼 것이다.
- 당신이 따뜻한 태도로 아이의 행동을 지지하면, 부모와 자식 간에 안정감과 친밀감을 형성할 수 있다. 아이의 행동을 지지한다는 것은 아이의 감정을 읽어주는 것이다. 아이를 지지하는 부모는 아이가 퍼즐 조각을 잃어버렸을 때 "그러게, 퍼즐 조각들을 상자에 잘 보관했으면 안 잃어버렸을 거 아니니?"가 아니라 "그 퍼즐 조각을 못 찾아서 화가 났구나"라고 반응한다. 부모가 전자처럼 말하면, 아이는 수치심을 느낀다. (수치심과 판단에 관한 자세한 내용은 7장 참조)
- 아이의 잘못된 행동에 대해 당신이 정해놓은 대가를 과연 아이가 끝까지 치르게 할 수 있는지 생각해보자.

예를 들어 아이에게 "저녁밥을 다 먹지 않으면 후식은 안 줄 거야"
라고 말할 때, 아이에게 '절대로' 다시는 후식을 안 줄 건지 자문해
보자.

· 각 상황에 알맞게 대응하자.

때에 따라서 아이는 당신이 평소보다 덜 통제하고 더 많은 애정을 보
여주길 바랄 것이다. 그때그때 아이의 요구에 맞춰 양육 유형을 조정
하자. 잘못한 행동에 대한 대가는 나중에 치르게 할 수도 있다. 가령,
민감한 사건이 터진 직후에는 아이를 따뜻한 태도로 지지해주고, 시
간이 좀 흘러 아이가 침착해지면 그때 아이 행동에 대한 대가를 논의
할 수 있다. (관련 내용 8장 참조)

아이의 가족관

당신이 아이에게 가족 문화를 설명할 때, 아이가 가족 문화를 어떻게 받아들일지 생각해보자. 아이는 가족 구성원과 다른 인플루언서들을 유심히 관찰하고 본 것을 모방함으로써 자신의 가족 가치를 인식한다.

나는 언젠가 4~7세 아이들을 대상으로 한 방과후 정원 가꾸기 동아리에서 아이들이 나누는 대화를 우연히 엿들은 적이 있다. 펠릭스와 위안 신은 자기들이 가꾸는 오이의 부모가 되기로 했다. 둘은 신나서 "우리는 오이 가족이야!"라고 외쳤다. 다른 아이들도 펠릭스와 위안 신의 아이디어가 좋다고 생각했고, 순식간에 여러 가족이 생겨났다. 아다쿠와 윌리엄은 토마토의 부모가 되었다. 현재 스물한 개의 토마토 자식이 있고, 계속 늘어날 전망이다! 에이든과 마이라는 여덟 개의 땅콩호박을 키우고 있다. 아이들은 정원을 가꾸며 '채소 자녀'들의 기본적인 욕구를 확실히 충족시켜 주었다. 물의 양은 충분했나? 햇빛은 몇 시간 동안 쬐었나? '채소 부모'들이 흙에 거름을 더 줘야 했을까? 채소 자녀의 성장을 방해하는 해충이나 채소 자녀를 괴롭히는 존재가 있었나? 아이들은 채소 가족이 잘 지내는지 서로 안부를 물었고, 자신의 부모들이 서로 육아 팁을 공유하는 것처럼 채소 자녀를 잘 키우는 팁을 공유했다. 아이들은 때때로 자기의 채소 자녀가 말썽을 피운다고도 이야기했다.

"아이들한테 좀 더 배려심 있게 행동하라고 해야겠어. 욕심쟁이처럼 햇빛을 혼자 다 독차지하고 있지 뭐야!"

아이들은 친구들과 놀이하고 대화하면서 자신의 가족 가치를 공유한다. 당신의 아이도 친구들에게 인플루언서인 것이다!

아이는 점점 자라면서 부모인 당신과 다른 인플루언서들에게서 배운 것을 다른 아이들과 적극적으로 공유한다. 한편, 아이들은 친구를 사귀려고 할 때 친구에게 접근하기 전에 그 친구가 하는 행동을 유심히 관찰하는 경향이 있다. 만일 그 친구가 뭔가 흥미로운 활동(당신 눈에는 이 활동이 흥미롭게 보이지 않을 수도 있다)을 하거나 같이 놀기에 재미있고 안전할 것 같으면, 그때 그 친구에게 접근을 시도한다. 내 딸 니나가 아장아장 걸음마 하던 시절에 있었던 일이다. 니나는 놀이터 미끄럼틀 아래에 서서 미끄럼틀을 타고 내려오는 아이 중 몇 명한테만 박수를 쳐주었는데, 미끄럼틀을 먼저 타려고 새치기하거나 자기 동생을 줄 밖으로 밀어낸 아이에게는 박수를 쳐주지 않았다. 그리고 나서 어느샌가 박수 쳐준 아이 중 한 명에게 다가가 같이 놀았다. 당신의 아이는 같이 놀 친구를 어떻게 고르는가? 놀 친구를 고를 때, 어떤 행동이나 특성에 끌리는가? 이 점을 유심히 살펴보면 아이가 친구를 사귈 때 어떤 점을 중시하는지 이해할 수 있다.

아이는 돌이 채 되기도 전에 다른 사람과 관계를 맺기 시작한다. 연구에 따르면, 아주 어린 영아들조차도 다른 사람에 대한 긍정적 행동과 부정적 행동을 구별할 수 있다. 한 연구에서 연구자들은 생후 5개월과 9개월 된 영아들에게 손 인형을 사용해 간단한 인형극을 보여주었다. 인형극에서 어떤 손 인형은 다른 인형에게 도움을 주고, 또 어떤 손 인형은 도움을 주지 않았다.[64] 영아들은 장난감 상자를 열려고 애쓰는 손 인형을 도와주는 어떤 손 인형의 모습과 상자 뚜껑 위에서 점프하며 뚜껑을 쾅 닫아버리는 다른 손 인형의 모습을 봤다. 인형극이 끝난 뒤 영아들에게 두 손 인형을 가까이 보여주었다. 그러자 아기들은 친사회적으로 뚜껑 여는 걸 도와준 인형을 압도적으로 더 선호하고, 반사회적으로 뚜껑을 닫아버린 인형을 피했다.

이 연구 결과는 아이들이 돌이 되기 한참 전에도 도움을 주는 사람에게 주목하며 이들을 더 선호한다는 사실을 보여준다. 아이는 사람들이 다른 사람을 어떻게 대하는지 관찰함으로써 도움을 주는 사람과 해를 끼치는 사람을 구별할 줄 알게 된다. 예를 들어, 아이는 사람들이 다른 사람과 협력하는 행동을 주의 깊게 관찰하는데, 이를 통해 다른 사람과 관계 맺는 방법을 배우며 정서 지능 발달의 기본 바탕이 되는 협력을 이해하게 된다.

1부 아이의 세 가지 핵심 발달을 장려하라

인형극을 통해
가족 가치 가르치기

    손 인형은 가족 가치를 모델링할 때 사용할 수 있는 매우 훌륭한 장난감이자 도구다. 손 인형을 사용해 아이와 재미있게 상호작용함으로써 아이의 친사회적 행동과 감정 파악 능력을 향상시킬 수 있다.

    나는 3~5세 유치원생들을 처음 가르치기 시작했을 때, 손 인형의 교육 효과를 깨달았다. 어느 해에는 우리 반 아이들이 허구한 날 서로 싸웠는데, 내가 아무리 우정에 관해 이야기해도 효과가 없었다. 한편, 그해에 한 학부모가 인형 극장을 기증해주어서 아이들이 대단히 좋아했다. 나는 아이들이 손 인형을 가지고 노는 모습을 보던 중, 문득 아이들이 만약 손 인형을 통해 다른 사람을 불공평하거나 불친절하게 대하는 자신의 모습을 본다면 어떻게 반응할지 궁금했다. 아이가 자기 행동을 똑같이 따라 하는 손 인형을 보면 자기 행동을 바꾸는 방법을 이야기할까? 이렇게 하면 아이들에게 친사회적 행동을 장려할 수 있을까? 나는 아이들을 위해 인형극을 하기로 계획했다. 먼저 인형극을 통해 아이들에게 그들이 겪고 있는 갈등을 보여준 다음 손 인형이 아이들에게 질문하도록 했다.

인형극의 효과는 기적이라 할 만큼 놀라웠다. 아이들은 손 인형과 좋은 친구가 되는 방법, 갈등을 해결하는 방법, 친절과 정직의 중요성 등에 관해 대화했다. 아이들이 손 인형에게 친사회적 행동을 가르치는 데 많은 시간을 보내자, 아이들 스스로 교실에서 바람직한 행동을 더 많이 보여줬다. 친구들의 생각을 듣지도 않고 무시해버리던 아이들이 인형극을 시작한 지 불과 몇 주 만에 호기심과 인내심을 가지고 친절한 태도로 서로를 경청하기 시작했다. 내가 인형극 활동을 하고 난 뒤 친구와의 관계에서 달라진 점이 있는지 물어보자, 대부분의 아이들은 더 행복해졌다고 말했다.

나는 인형극 활동을 당시 각각 세 살과 다섯 살이던 내 아이들에게도 적용해보았다. 손 인형을 통해 아이들이 집에 놀러 온 친구와 장난감을 공유하기 힘들어하는 상황 등을 보여줬다. 흥미

        1부 아이의 세 가지 핵심 발달을 장려하라

롭게도, 인형극 활동은 집에서도 똑같은 효과가 있었다. 즉, 내 아이들은 갈등 상황에서 손 인형에게 직접 가르쳤던 교훈대로 행동하기 시작했다.

인형극은 아이들에게 자신의 행동이 다른 사람들에게 어떤 영향을 미치는지 안전하게 보여줄 수 있는 활동이다. 아이는 손 인형의 행동과 감정을 통해 가족 가치를 인지할 수 있다. 아울러, 손 인형이 보여주는 행동과 감정을 파악해 이름을 붙이고, 다른 사람과 긍정적으로 상호작용하는 방법에 관해 손 인형과 이야기할 수 있다. 다음은 가정에서 인형극을 준비할 때 도움이 되는 방법이다.

- 입을 열었다 닫았다 할 수 있는 손 인형을 준비한다.

  손 인형 대신 낡은 양말에 단추로 눈을 달아 사용하거나 동물 인형을 사용해도 괜찮다. 하지만 입을 다양한 방법으로 움직여 여러 가지 감정을 표현할 수 있는 손 인형이 가장 좋다.
- 장난감, 숟가락 같은 집안 물건, 아이가 자주 사용하는 물건 등 소품을 사용하면 인형극의 재미를 더할 수 있다.
- 아이에게 가르치려는 가치를 손 인형의 행동으로 보여주고, 이 가치에 반하는 행동도 보여주자.

  예를 들어 인형극의 주제가 책임감이라면, 자기가 말한 대로 행동하는 손 인형뿐 아니라 말과 행동이 일치하지 않는 손 인형도 보여주자.

· 인형극이 끝난 뒤에는 아이에게 손 인형들의 행동을 어떻게 생각하
  는지, 손 인형한테 뭐라고 말해주고 싶은지 물어보자.

· 인형극 전문가만큼 잘하지 못해도 괜찮다.

  아이가 당신 입이 움직이는 걸 봐도 괜찮고, 인형 극장이 따로 없어도
  괜찮다. 아이들은 다 이해해준다. 무엇보다 당신이 스스로 인형극 활
  동에 재미를 느끼면, 아이 역시 재미를 느낄 것이다.

· 인형극을 시작하기 전에 아이에게 '관객'이 어떻게 행동해야 하는지
  설명해주자.

  예를 들어, 관객은 공연 동안 조용히 앉아 있어야 한다고 생각하면,
  공연 전에 아이에게 미리 말해줌으로써 행동 기준을 함께 설정할 수
  있다. 혹시 아이가 인형극 도중 지나치게 흥분하면 잠시 멈추고 아이
  에게 미리 설정한 기준을 다시 알려주자.

· 인형극을 길고 복잡하게 할 필요는 없다. 잠자리 독서 시간이나 저녁
  식사 후에 간단히 할 수 있다.

인형극은 관객과 상호작용할 수 있는 대단히 재미있는 활동
이다. 아이들은 인형극에서 자신에게 친숙한 개인적 경험이 재연
되면, 더 즐겁게 볼 것이다.

인형극은 묘사하려는 내용, 가령 다른 사람과의 갈등이나 부
족한 자기 통제력에 관한 이야기를 재미있게 과장해서 보여줘
야 효과가 있다. 다음은 내가 유치원과 초등학교 저학년 교실에

서 인형극 활동을 했던 경험을 바탕으로 인형극에 도움이 될 만한 조언을 아이의 나이별로 제시한 것이다. 어떻게 해야 아이에게 효과적일지 가장 잘 아는 사람은 바로 당신이다. 그러므로 그때그때 아이의 요구와 반응을 살피며 이에 따라 인형극을 준비하자.

영아를 위한 인형극

친절하게 도와주는 행동과 불친절한 행동을 대조해서 보여준다. 인형극에서 친절한 손 인형에게는 긍정적으로 반응하고, 불친절한 손 인형에게는 바람직하게 행동하는 방법을 알려주자. 가령, 한 손 인형이 무언가를 당신과 공유하는 모습과 다른 손 인형이 당신 물건을 빼앗으려는 모습을 대조해서 보여주자. 그리고 손 인형에게 그들이 한 행동에 관해 이야기하자. 물건을 빼앗으려 한 인형에게는 이렇게 말할 수 있다. "잠깐만. 이건 내 오렌지야. 하지만 기꺼이 너랑 나눠 먹을 수 있어. 우리는 뭔가 원하는 게 있으면 그냥 가져가지 않고 '오렌지 좀 먹어도 될까요?'라고 말한단다."

걸음마 하는 아이를 위한 인형극

아이가 말을 하기 시작해 질문에 답할 줄 알게 되면, 손 인형의 행동에 관해 물어보자. '너는 어떤 손 인형과 같이 놀고 싶니?'

'왜 그 손 인형과 놀고 싶어?'와 같은 질문을 해서 아이가 좋은 친구의 특징에 관해 곰곰 생각해보도록 할 수 있다. 반사회적 행동을 한 손 인형을 무시하거나 그 인형이 나쁘다고 낙인 찍지 말자. 대신, 그 손 인형이 친절하고 남을 도울 줄 아는 친구가 되려면 어떻게 행동해야 하는지 말해주자. 아이에게 친구를 돕는 방법을 손 인형한테 직접 말해보라고 할 수도 있다. 아이가 이 활동을 어려워한다면 몇 가지 예시를 제시해서 선택하도록 할 수 있다. "우리의 손 인형 친구가 상자를 열려고 애쓰고 있네. 우리는 친구를 도와줘야 할까, 아니면 힘이 약하다고 비웃어야 할까?" "이거 말고 또 어떤 방법으로 도와줄 수 있을까?" 또는 "누군가가 너를 어떻게 도와주면 좋겠니?"와 같은 추가 질문도 해보자.

유치원생을 위한 인형극

아이가 유치원생이 되면 한 단계 더 나아가, 아이와 손 인형을 하나씩 나눠 끼고 함께 인형극을 해보자. 아이가 친구나 가족과 겪었던 갈등 상황을 집중적으로 다루고 싶다면, 인형극에서 그 장면을 의도적으로 재연하고 아이와 문제 해결 전략에 관해 적극적으로 이야기하자. 예를 들어, 한 손 인형이 저녁 식사로 건강한 음식을 정성껏 만들었는데, 다른 손 인형이 그 음식에 대해 불평하며 먹기 싫다고 울며불며 떼쓰는 모습을 보여준다. 아이에게 이 상황을 해결할 방법을 제안하게 하고 그 방법대로 인형극

1부 아이의 세 가지 핵심 발달을 장려하라

을 진행한 다음, 해결책이 효과가 있었는지 아이와 함께 이야기 해보자. 그다음 같은 이야기에 다른 해결책을 넣어 공연해보고, 아이에게 두 가지 해결책을 비교·대조해보도록 하자. "그날 저녁 에만 효과적인 해결책은 뭘까? 만약 그 손 인형이 매일 저녁 그렇게 행동한다면, 그 문제를 해결할 수 있는 다른 해결책은 어떤 게 있을까?"

초등학생을 위한 인형극

아이들은 초등학생이 되어도 인형극을 좋아한다. 직접 인형극 대사를 지어낼 수 있으며, 다른 사람을 위한 인형극을 할 수도 있다. 예를 들면 유치원에서 친구와 싸운 동생을 위해 인형극으로 갈등 해결 방안을 제안할 수 있다. 이를 통해 아이는 당신이 주입한 가치를 실천하고 영향력을 미치는 가족 인플루언서가 된다.

이 장에서는 사회적 힘이 아이의 발달에 어떤 영향을 미치는지, 즉 아이에게 직간접적으로 영향을 미치는 인플루언서가 얼마나 많은지 살펴봤다. 부모는 아이의 인생에서 대단히 중요한 인플루언서이기 때문에 당신의 양육 유형을 성찰하는 것은 매우 중요하다. 아울러, 아이의 공감 능력과 동정심을 길러주고 사회적으로 건강하게 성장하도록 돕는 방법도 알아보았다.

우리는 아이가 사회적 존재로 가득 찬 거대한 세상에서 자라고 있음을 명심해야 한다. 당신 아이가 주변 사람들에게 영향을 미치듯, 아이들도 그들의 인생에서 만나는 여러 사람에게서 영향을 받는다. 인플루언서가 넘쳐나는 세상에서 아이가 잘 살아갈 수 있게 도우려면 애정과 통제가 적절한 균형을 이루는 양육 유형을 유지하도록 노력해야 한다. 이를 위해 당신 아이는 물론 당신 자신에게도 인내심을 갖자. 양육 유형 저울이 애정 혹은 통제쪽으로 심하게 기우는 순간들이 있을 것이다. 하지만 의식적으로 노력한다면, 애정과 통제의 균형을 되찾을 수 있다.

지금까지 아이의 마음 이론이 어떻게 발달하는지 자세히 살펴보았다. 다음 2부에서는 이 지식을 실행에 옮겨볼 것이며, MIND 체계를 소개할 것이다. 이 MIND 체계를 통해 아이의 사회성과 정서 지능을 발달시킬 수 있을 것이다.

1부 아이의 세 가지 핵심 발달을 장려하라

인형극

인형극을 통해 가족 가치 보여주기

아이와 인형극에 관해 이야기하기

1부에서는 아이가 자라면서 여러 가지 능력이 연속선상에서 서로 맞물려 발달하며, 다른 발달 영역은 고려하지 않은 채 한 가지 영역만 따로 발달시키기는 어렵다는 사실을 살펴보았다. 마음 이론, 즉 아이가 자신의 마음 상태(생각, 감정, 욕구, 믿음 등)는 물론 다른 사람의 마음 상태까지 생각하고 성찰하는 능력은 오랜 시간에 걸쳐 부모의 지도를 통해 발달한다. 아이는 마음 이론을 발달시키는 동시에 다른 사람과 효과적으로 상호작용하는 데 필요한 언어와 의사소통 능력도 발달시키며, 자아 인식 능력과 자기 통제력 향상에 도움이 되는 실행 기능을 기르고, 자신이 속한 사회와 문화의 규범을 익힌다.

이제 인간의 마음이 어떻게 발달하는지 더 깊이 이해하게 되었으므로, 잠시 멈춰서 긴장을 풀고 양육의 기쁨을 누릴 만반의 준비가 되었다. 우리는 당신이 아이에게 반응할 때 아이의 관점에서 생각할 수 있도록, (우리가 원하는 대로 표현하자면) 당신이 아이의 맘속을 들여다볼 수 있도록 MIND 체계를 제시하고자 한다. MIND의 각 철자는 마음챙김Mindfulness, 질문Inquiry, 비판단Nonjudgment, 결정Decide을 뜻하며, MIND 체계는 당신이 아이의 사회적·정서적 발달을 돕기 위해 실천할 수 있는 단계를 보여준다. 이어지는 5장부터 8장까지 MIND 체계의 각 요소를 살펴보고, 아이의 사회성과 정서 지능을 발달시키는 전략을 짜기 위해 이 요소들을 어떻게 결합해야 할지 알아보자.

2부

MIND 체계

5 장

마음챙김을 통해
아이에게 충실하자

제인은 교실을 빼꼼히 들여다보며 세 살 난 딸, 샬럿을 바라봤다. 곧 샬럿이 하원을 할 거고 그러면 대혼란이 시작될 것이다. 제인은 온몸이 경직되는 것을 느끼며 생각했다. '이건 말도 안 돼. 내가 내 딸을 두려워하고 있잖아.'

선생님은 아이들을 한 명씩 호명했다. 샬럿은 선생님을 기쁘게 해드리고 싶은 마음에 자기 이름이 불릴 때까지 차분히 앉아 있었다. 자기 차례가 되자, 침착하게 가방을 챙기고 반 친구들과 선생님에게 인사한 뒤 엄마를 찾았다. 샬럿은 마음속에서 부글부글 끓어오르는 감정을 선생님 앞에선 숨기고 있었다. 그러다 엄마를 본 순간, 가방과 도시락통을 바닥에 내팽개치고는 울음을 터뜨렸다. 제인은 어린 둘째를 안은 채 샬럿을 달래려 애썼다. 그녀는 너무 지쳤고, 인내심도 점점 바닥을 드러내고 있었다. 샬럿이 속상하고 위로가 필요하다는 건 알겠지만, 샬럿의 행동에 정말 진저리가 났다. 딸의 생떼에 당황한 제인은 소리 지르는 딸을 유치원 건물 밖 주차장으로 얼른 데리고 나갔다. 일단 차에 타자, 이번엔 제인이 소리치기 시작했다. 제인이 언성을 높이자 샬럿은 엉엉 울었고, 곧 둘째도 울기 시작했다.

다음날 나는 유치원에서 우연히 제인과 마주쳤다. 제인은 나를 한쪽으로 잡아끌더니 샬럿과의 갈등과 육아 스트레스에 관해 털어놨다. 그러고는 내가 도움이 될 만한 조언을 해주길 바랐다.

"샬럿이 생떼를 부리는 순간에는 내가 마치 벼락에라도 맞은 것 같아요. 갑자기 숨을 쉴 수 없고 그 즉시 이성을 잃어요. 가장 큰 문제는 제가 샬럿이 도대체 뭘 원하는지 모르고, 샬럿도 자기가 원하는 게 뭔지 제게 말하지 않는다는 점이에요. 너무 창피해요. 제가 뭘 잘못하고 있는 거죠? 샬럿에겐 도대체 무슨 문제가 있는 걸까요?"

나는 제인의 말을 경청한 뒤, 다른 부모들도 육아 스트레스로 많이 힘들어한다고 말해주었다. 많은 아이가 유치원에서는 화를 꾹 참고 있다가 하원 후 부모에게 분출한다. 나 역시 부모로서 비슷한 경험을 했고, 잔인하고 무자비한 내면의 목소리로 나를 비판한 적이 많았다고 제인에게 털어놨다. 그리고 나와 내 아이들 관계를 회복시켜준 마음챙김mindfulness과 마음챙김 명상mindful meditation에 관해 알려주었다.

마음챙김이란 아무런 판단 없이, 의도적으로 현재 순간에 집중하는 수행이다. 마음챙김을 연습하면, 반사적 반응을 줄이고 현재에 더 충실할 수 있다. MIND 체계는 마음챙김부터 시작한다. 내 마음을 챙겨야 자아를 인식할 수 있고, 자아를 인식해야 자기 통제력을 향상시킬 수 있기 때문이다. 자아 인식과 자기 통제력은 사회적·정서적 지능 발달의 두 가지 핵심 요소다.

마음챙김은 하나의 기술이며, 다른 모든 기술과 마찬가지로 연습해야 발달시킬 수 있다. 이 특별한 자아 인식 기술은 오랜 시간에 걸쳐 조금씩 서서히 발달한다. 마음챙김은 시간과 장소를 불문하고 연습할 수 있지만, 마음챙김 명상으로 시작하면 더 효과적이다. 마음챙김 명상은 아무 판단도 하지 않고 그저 당신의 생각, 감정, 신체적 감각, 호흡에 집중하기만 하면 된다. 일단 마음챙김 상태에 들어서면, 당신은 호기심을 가지고 당신 자신에게 집중할 수 있으며, 다음과 같은 질문도 생각해 볼 수 있다.

· 지금 이 순간 내가 알아야 하는 것은 무엇인가?
· 나는 지금 어떤 감정을 느끼고, 무슨 생각을 하고 있는가?
· 내가 지금 경험하는 신체적 감각은 어떤 생각이나 감정에 연결되어 있는가?

지금 내게 무슨 일이 일어나고 있는지 집중해서 질문하면, 현재 순간에 더 충실할 수 있다. 그러면 생각과 감정이 얼마나 빨리 왔다가 사라지는지 알게 될 것이다. 또 불안, 분노, 슬픔 등의 감정을 유발하는 생각의 고리에 갇히면, 그 생각과 감정이 계속 맴돌아 당신을 불안하게 한다는 것도 깨닫게 될 것이다. 내가 처음 명상을 하려고 자리에 앉았을 때, 내게 들리는 것은 전부 나를 비판하는 내면의 목소리뿐이었다. 예를 들어, 내 내면의 목소리는 가족을 위해 영양가가 더 풍부한 음식을 만들라고 말했다. 나는 내 내면의 목소리에 귀 기울이되 전날 저녁에 내가 만든 음식에 관해서는 아무 판단도 하지 않으려고 최선을 다했다.

마음챙김 명상 기술을 열심히 연습하면 아이에게 더 충실한 부모가 될 수 있다. 당신의 생각과 감정에 즉각 반응하지 않고 가만히 관찰하는 방법을 배운다면, 당신의 양육 방식도 크게 변화할 것이다. 나는 마음챙김 명상을 통해 내 아이들의 행동을 있는 그대로 받아들일 수 있게 되었다. 또 아이의 행동을 아이의 몸과 마음에서 일어나는 일의 결과로 바라보게 되었다. 나는 문제를 해결하려고 즉각 반응하거나 아이 행동에 좌절하기보다 더 인내하게 되고 아이의 반응을 유발하는 원인이 무엇인지 호기심을 가지게 되었다. 시간이 지나면서 나는 마음챙김의 진수를 발견할 수 있었다. 그것은 바로 마음챙김을 할 때는 아무런 판단도 하지 않는다는 것이다. 마음챙김을 할 때는 아무런 의견도 필요 없고, 비교하거나 비난하거나 부끄러워하지 않는다.

아이를 양육할 때 마음챙김을 수행하면 육아 스트레스를 줄일 수 있다. 당신이 아이의 맘속을 들여다보려면, 감정적으로 최대한 차분한 상태여야 한다. 그래야 정신을 집중해서 '내 아이가 왜 이런 행동을 할까?'라고 자문할 수 있다. 당신이 아이의 행동과 반응에 호기심을 가지고 침착하게 접근하면, 아이의 방식대로 세상을 바라보는 것이 한결 수월해진다.

현재 순간에 무슨 일이 일어나는지 더 잘 인지하게 되면, 아이와의 관계는 물론, 부모로서 당신 자신과의 관계에도 주의를 집중할 수 있다. 아울러 반응하기 전에 잠시 멈추는 것의 긍정적인 효과도 깨닫게 될 것이다. 아이에게 반응하기 전에 잠시 멈춰 심호흡을 하면, 아이의 요구에 대한 적절한 대응을 준비하는 데 필요한 시간을 벌 수 있고 당신의 관점을 재정비할 수 있다. 하지만 부모로서 아무리 노력해도, 마음챙김을 실천하기가 매우 어려울 때도 있다. 화가 나고 슬프거나 좌절감이나 불안감을 느껴서 정신을 집중하지 못하면, 아이와 함께 있는 현재에 충실하기 힘들기 마련이다. 그러니 너무 자책하지 말자.

마음챙김과 마음챙김 명상 기술을 배우고 나면, 아이에게도 이 기술을 가르쳐 줄 수 있다. 아이와 함께 마음챙김 수행을 하면 자아 인식, 자기 관리, 경청과 같은 기술에 함께 집중하는 시간을 가질 수 있다. 하지만 그 전에 당신 스스로 마음챙김 수행에 편안함을 느껴야 한다. 먼저 당신의 마음챙김 수행 방법부터 살펴본 다음 아이와 함께 수행하는 방법을 소개하겠다.

아이의 관점에서
아이의 생각과 행동을 이해하는 방법

마음챙김: 아무런 판단 없이 현재 순간에 집중하는 것
마음챙김을 하면 현재 순간에 충실할 수 있어서 아이를 돌보는 것이 더 수월해진다. 당신의 생각과 감정에 즉각 반응하지 않고 가만히 관찰하면, 양육 방식을 크게 변화시킬 수 있다.

질문: 잠시 멈춰서 아이의 반응에 관한 정보를 얻는 것
아이의 관점에서 세상을 바라보려면, 아이의 행동에 관해 질문하고 아이의 대답을 경청하며 아이 행동의 원인을 당신 맘대로 가정하지 말아야 한다.

비판단: 수치심, 비난, 비판에 빠지지 않는 것
아이의 발달 단계, 정서적 대처법, 욕구를 관찰함으로써 아이에 대한 판단을 피해야 한다.

결정: 아이 행동에 어떻게 대응할지 미리 생각하고 의도적으로 대응하는 것
아이 행동에 의도적으로 대응하며 당신의 대응이 아이의 생각과 믿음에 영향을 미친다는 사실을 명심해야 한다.

마음챙김을 실천하는 부모 되기

난 엄마가 된 이후로 지속적인 긴장감과 불안감에 시달렸다. 항상 안절부절못하고 속이 울렁거리는 때가 많았다. 나는 내 양육 방식에 확신이 없었고 내 맘속 내면의 목소리는 내게 제대로 하는 게 하나도 없다고 잔소리하기 일쑤였다. 신경이 예민해지고 화가 나는 때도 있었지만, 그럴 때마다 난 나 자신에게 그렇게 느낄 시간적 여유나 자격이 없다고 말했다. 내 인생은 잘 굴러가고 있었고, 아이들도 건강하고 행복하게 잘 자랐다. 그럼 도대체 난 뭐가 문제였을까? 생각해보면 그저 감사한 마음으로 살아야 마땅한 상황이었다.

당시에 난 중국 베이징에서 살고 있었다. 아주 힘들었을 때 한번은 친한 친구에게 내 상황을 털어놓았다. 사실 그전부터 몇 달 내내 힘들었지만, 친하게 지내던 다른 엄마들에게 내 문제를 말하는 게 꺼려졌었다. 다른 엄마들은 아주 수월하게 아이들을 잘 키우는 것처럼 보였기 때문이다. 하지만 내 생각이 틀렸었다. 그 친구에게 내 문제를 털어놓자 그녀는 자기도 똑같은 감정을 느낀다고 말해주었다. 그러고는 내게 저우Zhou 박사를 찾아가 보라고 강력하게 권했다. 저우 박사는 명상과 마음챙김을 중심으로 진료하는 중국 한의학 박사였다. 친구는 저우 박사를 만난 이후 생긴 변화에 관해 이렇게 말했다.

"저우 박사님 덕분에 난 나 자신에게 더 관대해졌어. 지금은 내 아이들과 함께 있을 때 그렇게 힘들지 않아. 오히려 아이들이랑 함께 있는 시간이 즐거워. 10분 정도만 투자하면 마음챙김 명상을 할 수 있어. 마음챙김 명상 덕분에 아이들과의 관계를 회복하고 있고, 이제는 인내심도 훨씬 강해졌어."

저우 박사를 만나서 손해 볼 건 없겠다는 생각이 든 나는 그에게 전화해서 진료를 예약했다. 그는 본인이 아빠가 되고 나서 명상 수련에 더 주의 깊게 임해야 했다고 이야기했다. 또 딸아이를 대하면서 인내심의 한계에 도달한 적도 많았고 나중에 후회할 말도 많이 했다고 했다. 육아는 숙련된 명상 선생님에게조차 스트레스였던 것이다! 난 저우 박사에게 명상 수련이 내 육아에 어떤 식으로 도움이 될지 물었다. 그랬더니 우선 내가 내 생각과 감정을 관찰하는 방법을 배워야 하며, 내 생각과 감정이 육아와 연결되는 순간들을 알아차릴 수 있어야 한다고 말했다.

이 장에서 앞으로 소개할 내용 대부분은 2008년 당시 그가 내게 전수해준 가르침을 바탕으로 하고 있다. 나중에 당신이 어떤 형태의 명상에도 확신을 느끼지 못할 경우를 대비해 마음챙김에 관한 여러 가지 유용한 팁도 살펴볼 것이다.

마음챙김 명상법

명상은 앉아서 하든, 서서 하든, 누워서 하든, 움직이면서 하
든 기본적인 방법은 다 똑같다. 먼저 앉아서 하는 명상법부터 살
펴보자.

① 의자나 소파 혹은 바닥에 앉아 편안한 자세를 취한다.

② 명상 시간을 결정해 타이머를 설정한다. 처음에는 5~10분 정도가
   좋다.

③ 차분하게 앉은 자세에서 두 눈을 감고 주변의 소리에 귀 기울인다.
   소리의 길이, 높낮이, 리듬과 같은 음질에 집중한다.

④ 신체 부위 중 경직된 부분은 없는지 의식적으로 주의를 기울여 느껴 보자.

⑤ 5~10회 정도 심호흡을 한다. 한 번 들이마셨다가 내쉬는 것이 1회 호흡이다. 각 호흡을 세며 심호흡을 거듭할수록 느껴지는 작은 차이에 집중한다. 예를 들어 들숨이 날숨보다 더 길 수도 있고, 그 반대일 수도 있다.

⑥ 심호흡을 끝내면 호흡 세는 것을 멈추고 현재 무슨 일이 일어나고 있는지 집중한다.

⑦ 타이머가 울리면 서서히 눈을 뜨고 당신이 명상하는 동안 관찰한 것을 되돌아본다.

명상을 할 때 턱, 어깨, 손, 목, 미간 등 경직된 부위가 있다면 긴장을 풀어보자. 경직된 부위의 긴장을 푸는 순간 어떤 느낌이 드는지, 온몸이 전부 이완됐을 때는 어떤 기분이 드는지 관찰해본다. 몸이 이완된 이후에 다시 경직될 수도 있다. 다시 경직되는 순간, 이를 알아차리고 긴장을 풀자. 감정의 변화를 주시하고, 몸이 긴장했다 이완하는 순간의 느낌과 몸에서 느껴지는 다른 신체적 감각을 계속 관찰한다.

명상을 하다 보면 딴생각을 하느라 집중하지 못할 수도 있다. 이런 현상은 지극히 정상이다. 당신이 무슨 생각을 하는지 호기심을 가지고 관찰하자. 그 생각들이 비난, 수치심, 판단에 관한 것인가? 혹은 육아에 관한 것인가? 아니면 아이를 생각하고 있는 가? 아무런 판단 없이 당신 내면에서 무슨 일이 일어나고 있는 지 주의를 집중해 경청하고 관찰하자. 당신이 관객으로서 당신 내면에서 일어나고 있는 일의 연극을 관람하고 있다고 상상하면, 당신의 개인적 경험을 판단하지 않고 약간 거리를 둘 수 있다. 생각들은 무대 위의 배우들처럼 당신 맘속에 계속 왔다 간다. 무대의 장면이 바뀌고 한 가지 생각이 지나가면, 다시 심호흡에 집중하자.

위 명상법이 낯설거나 유도 명상 guided meditation(명상 전문가가 직접 옆에서 혹은 오디오나 비디오를 통해 명상 방법을 차근차근 안내하는 명상_역주)을 선호한다면, 마음챙김 명상 수행에 도움이 되는 앱들을 활용해보자.

마음챙김을 실천하는 부모가 되려면, 명상하는 동안 당신 자신과 아이에 관해 떠오르는 생각과 감정에 주의를 집중해야 한다. 내가 처음 명상을 시작했을 때의 경험을 공유하자면, 나 역시 다른 많은 사람처럼 명상이 상당히 어렵게 느껴졌었다. 처음엔 분노, 좌절, 실망을 비롯한 여러 감정과 생각들이 걷잡을 수 없이 떠올라 통제할 수 없었다. 명상 수행을 시작한 지 한 달쯤 지나자 비로소 이 통제할 수 없는 감정을 있는 그대로 받아들이기 시작하고, 지금 일어나고 있는 일에 즉각 반응하지 않고 내 생각과 감정을 잘 관찰할 수 있게 되었다. 나는 가만히 앉아 있거나 걷고 있을 때조차 계속 새로운 생각과 감정이 떠오르고 새로운 신체적 감각을 느낄 수 있었다. 어떤 날은 내가 숙련된 명상가처럼 느껴지다가도 또 어떤 날엔 명상 초보자처럼 느껴졌다. 나는 내 분노를 반갑게 맞이하기 시작했다.

'안녕, 분노야. 난 내 가슴 속에서 널 느낄 수 있어. 넌 열이 많고 아주 빡빡해, 맞지?'

내 경험을 있는 그대로 받아들이는 것에 능숙해질수록, 반사적으로 반응하는 횟수가 줄었다. 나는 내 가족과 나 자신을 위해 즉각 반응하기 전에 잠시 멈추는 연습을 해야 했다.

내가 명상을 시작한 이후 겪은 이 모든 과정은 지극히 정상적이다. 명상 수행에서 꼭 명심해야 할 가장 중요한 점은 자신을 판단하지 말라는 것이다. 명상은 지금 이 순간 일어나고 있는 일을 있는 그대로 받아들이는 수행이다. 예를 들어, 좀 전에 아이가 바닥에 주스를 쏟은 것 때문에 아직도 화가 난다면 지금 화가 난다는 사실을 있는 그대로 받아들이는 것이다. 당신이 화나는 감정에 저항하지 않고 이 감정을 맞이하고 수용할 때 무슨 일이 일어나는지 주목하자. 명상 수행 동안 당신의 육아나 아이에 관해 부정적인 생각이 떠오르거나 원하지 않는 감정을 느끼는 건 피할 수 없다. 명상하다 보면 별별 생각이 다 들 것이다. 어떤 생각은 기분 좋을 수도 있지만, 또 어떤 생각은 고통스러울 것이다. 명상을 통해 자아를 좀 더 인식하게 되고 명상 수행에 점차 숙달되면,

도움이 되는 생각을 계속 붙잡아두는 방법을 배우게 될 것이다. 이뿐만 아니라 당신 자신에게 '네 말을 귀담아듣고 있어. 하지만 이 생각은 지금 내게 도움이 안 돼'라고 친절하게 말하며 원치 않는 내면의 목소리를 차단하는 방법도 알게 될 것이다.

저우 박사는 내게 이렇게 이야기했다.

"명상할 때는 그 순간에 집중하세요. 정신을 바짝 차리고, 주의를 집중하며, 열정적으로 명상하세요. 즉, 주의를 기울여서 당신이 지금 무엇을 하고 있는지, 당신에게 시시각각 무슨 일이 일어나고 있는지 주목합니다. 특히 당신의 육아와 아이에 관해 어떻게 생각하는지 주의를 기울여보세요. 당신이 자신이나 아이를 남들과 비교할 때 자신에게 무슨 이야기를 하는지 잘 들어보고 이런 비교와 판단을 멈추면 무슨 일이 벌어지는지 관찰하세요. 그러면 당신 자신은 물론 아이에게 좀 더 편안한 감정을 느끼게 될 거예요."

명상에 대한 박사의 확신은 나를 안심시켰다.

마음챙김 명상 시간
확보하기

　수많은 부모가 명상할 시간이 없다고 말한다. 나는 "전 가만히 앉아 있질 못해요"에서 "전 계속 떠오르는 생각을 멈출 수가 없어서 명상할 수 없어요."에 이르기까지 온갖 변명을 다 들어봤다. 하지만 당신이 무언가 생각하고 있다는 사실을 인식하는 것이 바로 명상의 첫걸음이다. 아무런 판단을 하지 않고 내면의 생각들이 떠올랐다 사라지는 모습을 있는 그대로 지켜보고 관찰하는 기술을 배우려면 시간을 투자해야 한다.

　명상하는 습관을 들이려면 매일 짧은 시간을 따로 확보하자. 처음에는 5~10분이면 충분하다. 만일 매일 명상 시간을 확보하기 어려우면, 일주일에 3~4회 명상하는 것을 목표로 삼자. 반려동물이 갑자기 아프거나 아이가 평소보다 일찍 일어나는 등 예상치 못한 일로 명상 시간이 방해받을 수 있으니 미리 마음의 준비를 하자.

만일 움직임 명상에 더 끌리거나 이 방법이 현실적으로 좀 더 실천하기 쉽다면, 요리하기, 옷 개기, 반려견 산책과 같은 집안일이나 일과를 하면서 마음챙김 명상을 수행할 수 있다. 다만 움직임 명상을 할 때는 가만히 앉아 있는 게 아니라 계속 뭔가를 하기 때문에 딴 데 정신이 팔리거나 호흡에 집중하는 걸 깜박하기 쉽다. 이럴 때는 지금 하고 있는 일, 가령 설거지에 온전히 주의를 기울여서 끔찍할 정도로 하기 싫은 설거지를 간절히 고대하는 일로 바꿔보자.

설거지하면서 마음챙김 명상을 하는 방법은 다음과 같다. 접시, 냄비, 프라이팬을 닦는 동안 당신이 무슨 행동을 하는지 하나하나 소리 내어 말해본다. 예컨대 수세미에 세제를 짤 때 "세제 짜기"라고 말하고 수세미로 접시를 닦을 땐 "접시 닦기"라고 말한다. 이렇게 매 순간 하는 행동을 입 밖으로 소리 내어 말하면, 지금 하고 있는 일에 정신을 집중할 수 있다. 설거지를 하면서 당신의 호흡에 집중해보자. 도중에 딴생각이 들기도 할 것이다. 그럴 때는 그 생각을 유심히 살핀 후, 다시 설거지하면서 느끼는 감각, 예를 들어 물이 손에 부딪힐 때 느껴지는 촉감에 정신을 집중해보자.

감정적으로 차분해지고, 당신의 육아와 아이의 행동에 관해 떠오르는 생각과 감정에 즉각 반응하지 않고 침착하게 관찰할 수 있게 되면, 아이에게도 마음챙김 명상을 가르쳐주고 함께 할 수 있다.

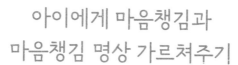

아이에게 마음챙김과
마음챙김 명상 가르쳐주기

앨은 내 학생의 아버지였는데, 그는 직장에서 마음챙김 명상을 접한 뒤 과연 자신의 아이들과 함께 마음챙김 명상을 할 수 있을지 궁금해졌다. 앨과 그의 직장 동료들은 매주 한 번 마음챙김 명상 선생님을 만났는데, 그 선생님은 유도 명상을 도와주고 가정에서 마음챙김 명상을 수행하는 방법도 알려주었다. 앨은 명상을 시작한 지 한 달쯤 되자, 신체적인 변화를 느꼈고 마음도 예전보다 편안해졌다. 또 긍정적인 에너지를 품고 퇴근했으며, 아이들이 아빠와 더 오래 함께 있길 원한다는 걸 느꼈다.

아이들은 "이젠 아빠가 너무 재미있어요!"라고 말하곤 했다.

그리고 놀랍게도, 앨 자신도 아이들과 함께 있는 시간이 예전보다 더 재미있게 느껴졌다. 그는 각각 다섯 살, 일곱 살인 두 아이에게 마음챙김 명상을 가르쳐주고 싶었다. 하지만 어린아이들에게 어떤 방식으로 명상하라고 해야 할지 몰랐다. 아이들이 가만히 앉아서 자신의 호흡에 집중할 수 있을까? 아이가 잘 이해하도록 하려면 어떻게 설명해야 할까? 난 앨에게 어린아이들도 마음챙김 명상법을 배울 수 있다고 말해주었다. 아이와 마음챙김 명상을 하기 전에 명심해야 할 것이 몇 가지 있다.

첫째, 아이는 생각, 감정과 같은 마음 상태를 인식하는 능력을 발달시키는 중이다. 마음챙김 명상 수행은 아이들에게는 미지의 영역이며, 내면세계를 관찰하기 위해 떠나는 탐험의 시작이라고 할 수 있다. 1장에서 살펴보았듯이 아이는 마음 이론을 발달시키는 과정에서 다른 사람의 마음 상태는 자신과 다르며, 이 마음 상태가 그들의 행동을 유발한다는 사실을 이해할 뿐 아니라 자신의 마음 상태도 인지하게 된다.

둘째, 마음챙김이 아이 자체를 변화시키지는 않는다. 하지만 아이가 마음챙김 명상을 꾸준히 하면 시간이 지남에 따라 자신의 경험에 반응하는 방식과 당신의 반응 방식이 모두 바뀔 것이다. 아이들에게도 때때로 감정이 복받치는 순간이 있다. 하지만 마음챙김 명상을 하는 아이는 '자동반사적'으로 반응하는 경우가 점차 줄고 자신의 행동을 더 잘 인지하게 된다. 예를 들어, 아이가 블록으로 쌓은 탑이 무너졌을 때 습관적이고 자동반사적으로 울음을 터뜨리는 대신 잠시 멈춰서 상황을 판단하고 새로운 방식으로 다시 탑을 쌓는 모습을 보게 될 것이다. 또 아이가 활동 중간에 실패를 맛보더라도 그 활동에 더 긴 시간 동안 집중할 것이다. 쌓은 탑이 무너졌을 때 아이가 여전히 울음을 터뜨릴 수도 있다. 상황에 집중하고 침착함을 유지한다고 해도 정성스레 쌓은 탑이 무너질 때 실망감이 표출될 수밖에 없기 때문이다.

어린아이들이 처음 명상을 시작할 때는 부모의 지도가 꼭 필요하다. 나는 어린 자녀를 둔 부모들이 좌절감에 빠져 이렇게 말하는 걸 수도 없이 들었다.

"저는 아이에게 마음챙김에 관해 알려 줬어요. 화가 날 땐 심호흡을 해보라고 했죠. 그런데 별 효과가 없었어요."

아이가 마음챙김 명상을 유용하게 활용하길 원한다면, 당신이 마음챙김 수행을 할 때 아이와 함께 해보자. 아이의 마음챙김 수행을 타임 아웃time-out(아이가 문제 행동을 했을 때 그 행동을 중단시키고 아이를 조용한 장소로 일시 격리해 아이가 스스로 자기 행동을 반성하게 하는 훈육법_역주)이 아닌, 부모와 아이가 함께 명상하는 '타임 인time-in'으로 생각하자.

아이는 당신과 함께 조용히 명상하는 동안에도 계속 꼼지락거릴 것이다. 이는 매우 자연스러운 현상이다. 그렇다고 명상하는 동안 아이의 행동을 통제해야 한다고 느낄 필요는 없다. 대신 당신은 당신의 마음챙김 명상에 집중해야 한다. 아이에게 명상 수행법을 모델링하며 아이와 함께하는 명상 시간을 즐기자. 오히려 당신이 아이 행동에 일일이 반응하지 않으면, 아이는 꼼지락 거리던 행동을 멈추고 차분하게 명상을 시작할 것이다.

다음은 내가 앨에게 말해주었던, 아이와 함께 마음챙김 명상을 할 때 하지 말아야 할 것들이다.

- 마음챙김 명상 시간은 아이가 하지 않길 바라는 행동(예를 들어, 바닥에 음식을 던지는 행동)을 줄이려고 노력하는 시간이 아니다.
- 마음챙김 명상 시간은 아이가 특정 방식으로 느끼도록 강요하는 시간이 아니다. 아이가 자신만의 방식대로 내면세계를 발견할 수 있도록 놔두자. 이때 당신의 역할은 명상의 길잡이를 제공하고, 행동의 경계를 설정해주며, 이 명상법을 실천하는 모습을 보여주는 것이다.
- 마음챙김 명상 시간은 아이에게 어떻게 생각하고 어떻게 느끼라고 말하는 시간이 아니다. 그보다는 당신과 아이 모두 자신의 생각과 믿음이 어떤 행동을 유발하고 어떤 변화를 일으키는지 깨달음을 얻는 시간이다. 아이가 자아 인식이라는 개념을 이해하기까지는 시간이 걸린다. 아이가 자기감정에 관해 더 많이 이야기하며 반사적으로 반응하는 횟수가 줄어듦에 따라 자아 인식 개념을 이해하기 시작한다는 것을 깨닫게 될 것이다.

4~8세의 아이들에게 마음챙김과 마음챙김 명상에 관해 알려 줄 때는 서로 반대되는 경우를 대조하여 이야기하는 것이 효과적이다. 이 시기의 아이들은 근소한 차이보다는 극단적인 차이를 보여줄 때 더 잘 이해하기 때문이다. 예를 들어, 우리가 뭔가 행하기 전에 잠시 멈춰 우리 자신이 무슨 생각을 하는지 고려한다면 마음을 챙기고 있는 것이며, 잠시 멈춰 생각하지 않고 곧바로 행동할 때는 마음을 챙기지 않는 것이라고 설명해주자. 여기서 마음을 챙기지 않는다는 것은 자신이 반응하기 전에 잠시 멈추는 것을 기억하지 못했음을 스스로 알아차리는 것을 뜻한다. 다음은 마음챙김을 유치원생이나 초등학교 저학년 아이들의 눈높이에 맞게 설명한 것이다.

· 어떤 경험은 우리를 덥게(화나고, 질투 나고, 초조하게) 하고, 또 어떤 경험은 우리를 시원하게(평화롭고, 차분하고, 여유롭게) 해요.
· 우리의 감정은 날씨처럼 계속 변해요. 어느 순간엔 화가 나서 마음속에 폭풍이 몰아치는 듯하다가도 그다음 순간엔 바로 행복해져 따사로운 햇볕이 내리쬐는 느낌이 들기도 해요.
· 마음챙김 명상 시간은 우리 자신과 친구가 되는 시간이에요. 우리가 친구를 새로 사귈 때 그 친구를 차근차근 알아가며 존중해주고 친절하게 대하죠? 우리가 우리 자신과 친구가 되는 방법도 이것과 똑같아요. 또 우리가 다른 친구들을 배려하듯이, 우리 자신도 배려해야 한

다는 사실을 명심해야 해요.

· 나 자신에게 좋은 친구가 되려면 매 순간 내가 무슨 행동을 하는지 인식하고, 내면의 목소리가 나한테 뭐라고 말하는지 귀 기울이며 내가 지금 어떤 감정을 느끼는지 집중해야 해요. 내 생각이 어떤 행동을 일으킨 건 아닌지 스스로 물어보세요. 그럼 여러분의 생각, 감정, 행동 사이에 어떤 연관성이 있는지 찾아내는 탐정이 될 수 있을 거예요.

당신의 일과를 살펴보고 아이와 함께 10분간 마음챙김 명상을 할 수 있는 시간대를 찾아보자. 많은 부모가 잠자리에 들기 전 10분을 명상 시간으로 정한다. 항상 똑같은 시간에 명상하는 것이 좋다. 이때 아이에게 10분 내내 조용히 앉아 있으라고 하지 말자. 10분이라는 시간은 명상을 준비하고, 조용히 앉아서 명상한 후, 같이 성찰하는 시간까지 모두 포함한 시간이다. 처음부터 너무 무리해서 명상하지 않도록 한다. 처음엔 주 1회 명상을 하다가 서서히 주 3~4회까지 늘려나가는 것을 목표로 삼자.

아이에게 마음챙김 명상을 알려줄 때는 당신이 처음 마음챙김 명상을 접했을 때를 떠올리며 친절하게 가르쳐주자. 아이는 자기가 좋아하는 장난감이나 인형, 담요, 혹은 안정감을 주는 물건을 가지고 명상하길 원할 수도 있다. 아이가 명상 시간을 가늠할 수 있도록 핸드폰 타이머를 사용하자.

다음은 명상 시간에 따라 해볼 수 있는 예시 대본으로, 이미 교실에서 효과가 입증된 것이다. 물론 그대로 따라 하지 않고 당신과 아이에게 가장 효과적인 대본을 만들어서 사용해도 좋다.

우리는 지금 같이 명상을 할 거야. 편안한 자세로 앉아보자. 이제 우리의 마음챙김 모자, 'HAT'을 쓸 시간이야(이때 모자를 쓰는 시늉을 한다. 어린아이들은 특히 이 모습을 재미있어한다). 이 H-A-T이 우리에게 아주 중요한 걸 알려준단다.

H는 'happening', 즉 '어떤 일이 일어난다'라는 뜻이야. 우리는 가만히 앉아서 명상하는 동안 우리 안에서 무슨 일이 일어나는지 집중할 거야. 예를 들어, 신날 때 느껴지는 흥분이나 화날 때 느껴지는 답답함처럼 우리 몸에서 느껴지는 감각에 주목해볼 거야.

A는 'allow', 다시 말하면 '그대로 놔둔다'라는 뜻이야. 우리는 앉아 있는 동안 우리 안에서 무슨 일이 일어나든지 그냥 일어나게 놔둘 거야. 조용히 앉아서 지금 이 순간 우리가 느끼는 감정을 있는 그대로 받아들이는 거지. 예를 들어, 아이스크림을 생각하면 아주 신이 나지? 이 신나는 감정을 있는 그대로 받아들이고 네가 그 감정을 즐기도록 그냥 놔둬.

T는 'time', 즉 '시간'을 뜻해. 네 맘속에서 오고 가는 생각과 감정에 아무 반응하지 말고 그냥 조용히 느끼는 시간을 가져보자. 그리고 네가 너에게 뭐라고 말하는지 잘 들어봐. 들어보니 어떤 기분이 드

니? 네가 너한테 친절한지 아닌지 생각해보자.

자, 우리 모두 마음챙김 모자, HAT을 썼으니 이제 명상을 시작해보자. 내가 타이머로 ○분을 설정할게(명상을 처음 시작한다면 3~5분 정도가 적당하다). 눈을 감거나 아래쪽을 쳐다봐(아이가 눈 감는 걸 싫어한다면, 바라보고 싶은 물건이나 장소를 선택하라고 하자. 가령, 방 안에 있는 사진이나 바닥의 한 곳을 응시하도록 하자).

우선, 우리 몸의 긴장을 다 풀어낼 거야. 주먹을 있는 힘껏 꽉 쥐어봐. 그다음 손을 쫙 펼쳐서 손에 있던 긴장감이 사라지는 걸 느껴봐. 자, 이번엔 어깨의 긴장을 풀어보자. 어깨를 꽉 조였다가 툭 떨어뜨려 봐. 이때 어깨 긴장이 풀어지는 느낌에 주목해보자. 이번엔 얼굴도 똑같이 해보자. 얼굴에 잔뜩 힘을 주면서 찡그려봐. 그다음엔 스르르 힘을 빼봐. 다른 신체 부위에도 긴장이 느껴지는 데가 있는지 계속 살펴보자(긴장과 이완은 서로 반대되는 감각이라서 아이들이 쉽게 차이점을 느낄 수 있다. 위 대본처럼 가르쳐주면, 아이는 신체 감각과 감정 사이의 연관성을 익힐 수 있다).

그다음, 같이 숨을 들이마셨다가 내쉬어보자. 자, 숨 쉬어봐. 이렇게 다섯 번을 같이 해볼 거야(아이와 호흡을 같이 세자. 이때 아이의 호흡을 따라가자. 아이한테 어떤 방식으로 숨 쉬어야 한다고 말할 필요 없다. 명상 시간은 아이 행동에 집중하는 시간이 아님을 명심하자).

이제 우리는 호흡에 계속 집중할 거야. 그런데 갑자기 과거에 있었던 일이나 미래에 일어나길 바라는 일이 떠올라 집중이 흐트러질 수도 있어. 아마 네가 유튜브나 TV를 볼 때처럼 네 맘속에서 과거나 미래의 이야기를 보게 될 거야. 그 이야기를 주의 깊게 보고 어떤 기분이 느껴지는지 잘 살펴봐(이때 아이가 무언가 답답하게 조이는 듯한 긴장감을 느끼지는 않는지 점검해보고 아이 맘속에서 전개되는 이야기가 언제 끝나는지도 주의 깊게 살펴보자). 이야기가 끝나면 심호흡을 한 번 하고 이번엔 방안에서 들리는 소리에 귀 기울여보자.

엄마/아빠는 이제 말을 그만할 거야. 그리고 여기에서 너랑 같이 앉아 있을 거야(명상 도중에 잠깐씩 아이를 살피고 아이한테 당신이 계속 옆에 있을 거라고 말해준다. 그리고 당신도 명상하는 동안 아이랑 똑같이 맘속에 펼쳐지는 내면의 이야기를 보며, 긴장하기도 하고 여러 가지 감정을 느낀다고 알려주자).

아이와 함께 명상을 시작하는 데 위와 같은 대본도 도움이 되긴 하지만, 안내가 좀 더 필요하다고 느낄 수 있다. 만일 그렇다면, 아이들을 위한 마음챙김에 관한 앱을 몇 가지 검색해 아이와 함께 하는 명상법을 경청해보자. 이때 화면은 보지 않도록 하자. 화면은 내면을 향하는 명상 수행을 방해할 수 있다.

아이는 사실 마음챙김 명상을 즐긴다. 특히 잘못된 행동을 했을 때 타임 아웃을 하라고 등 떠밀리지 않고 대신 명상을 한다면, 아이는 그 순간 자기 내면에서 일어나는 일에 집중할 수 있다. 우리는 아이가 허용되지 않는 행동을 할 때 아이에게 종종 타임 아웃을 하라고 하지만, 정작 아이가 침착해지고 편안해진 후에는 아이에게 자신의 내면세계를 주의 깊게 살펴볼 시간을 잘 주지 않는다.

아이들은 주변 세계에 집중할 때와 똑같은 방식으로 자기 내면세계에 주의를 기울여 그 속에서 일어나는 일을 보고, 듣고, 느낄 때 흥미를 느낀다. 그리고 가만히 앉아 자신의 내면을 바라볼 수 있는 시간이 주어질 때와 어른이 아무 판단하지 않고 자신의 말에 진심으로 귀 기울일 때 행복해한다. 다음은 마음챙김 명상에 관한 아이들의 소감이다.

· 잭(6세)은 자기 내면의 목소리에 관해 이야기했다.

"나는 가끔 내가 나한테 말하는 소리를 들어요. 내가 나한테 나쁜 말을 해서 슬플 때도 있어요. 그래서 나한테 좋은 말만 하기로 마음먹었어요. 저는 저를 덥게 만드는 말은 싫어요. 날 화나게 하니까요. 나를 시원하게 해주는 말이 좋아요. 이런 말은 나를 차분하게 해줘요."

· 바이올렛(5세)은 명상 시간에 과거의 기억이 떠오른다고 했다. 바이올렛은 이 기억들을 마치 영화를 보듯이 볼 수 있었다. 하지만 이 기억들은 오직 머릿속에만 존재하며 여러 가지 감정을 불러일으켰다.

"명상 시간에, 할머니가 돌아가시기 전에 할머니랑 같이했던 모든 일이 떠올랐어요. 우리는 같이 사과를 따러 갔었고, 파이도 만들었어요. 할머니와 했던 일들을 떠올리면서 행복하기도 하고 슬프기도 했어요. 행복과 슬픔, 두 가지 감정을 동시에 느꼈어요!"

· 카슨(5세)은 명상하는 동안 미래에 관한 생각에 이끌렸다고 말했다.

"명상하는 동안 디즈니랜드에 갔어요! 분명 여기에 앉아 있었는데, 디즈니랜드에도 갔어요. 마치 시간 여행을 하는 느낌이 들었어요."

· 베스(3세)는 "난 가만히 앉아 있는 게 싫었어요. 명상하기 싫었어요"라고 말했다.

세 살인 베스는 가만히 있는 게 싫다고 분명히 표현했는데, 어린아이로서 매우 자연스러운 반응이다. 하지만 부모가 참을성을 가지고 아이가 명상하도록 계속 장려하면 시간이 지날수록 명상을 즐길 수 있게 된다. 아이가 가만히 앉아 있기를 정말로 힘들어한다면, 아이가 손에 쥐고 주무를 수 있는 물건을 줘보자. 아이가 앉아 있는 동안 어떤 물건을 자기 맘대로 조몰락조몰락 만지면 불안감을 완화할 수 있다. 아이들이 반드시 앉아서 명상할 필요는 없으며, 걷거나 서서 명상할 수도 있다.

부모와 자식 간
유대 강화하기

아이와 함께 마음챙김 명상을 한 후, 명상하면서 당신이 경험한 것을 이야기해주자. 명상 수행을 함께 되돌아보면서, 당신에게도 생각과 감정으로 이루어진 내면세계가 있으며 이 생각과 감정이 당신의 말과 행동에 크게 영향을 미친다는 것을 알려주자. 아이와 함께 마음챙김 명상을 하면 아이에게 자아 인식과 자기 조절을 모델링할 수 있을 뿐 아니라, 부모와 자식 간의 유대도 강화할 수 있다. 다만 이를 위해서는 당신과 아이가 서로 자신의 내면세계를 아무 판단 없이 공유해야 한다.

당신이 명상하는 동안 무슨 생각을 했는지, 그리고 당신의 생각이 어떤 감정을 불러일으켰는지 아이에게 말해주자. 그다음 아이의 명상 경험을 물어보고, 아이의 대답을 경청하자. 이때 아이에게 어떻게 느껴야 한다거나 어떻게 생각해야 한다고 말하지 않아야 한다. 당신이 아이에게 명상 경험을 공유하는 방식으로 아이가 당신에게 공유하도록 하자. 가령, 당신의 명상 경험을 다음과 같이 아주 구체적으로 공유할 수 있다.

"엄마는 명상하는 동안 오늘 네가 색칠 놀이를 할 때 초록색과 파란색을 섞었던 일을 생각했어. 네가 물감을 섞는 모습을 떠올리니까 갑자기 어지러웠어. 그 생각만으로도 머리가 어질어질했던 거야. 이게 엄마가 눈을 감고 가만히 앉아 명상하는 동안 일어난 일이야. 네가 가만히 앉아 명상할 땐 무슨 일이 일어났니?"

훌륭한 부모는 아이가 자신과 타인을 사랑하는 마음과 안정감을 기르도록 도와준다. 당신이 아이에게 일관성 있게 반응하며 서로 아끼고 배려하는 관계를 유지하면, 아이는 다른 사람을 배려할 줄 아는 사람으로 성장할 수 있다. 바로 이러한 이유로 당신이 아이에게 어떻게 반응하는지가 매우 중요하며, 자기 자신의 반응에 휘둘리지 않고 그 반응을 주체적으로 통제해야 한다. 자신의 반응을 기민하게 자각할수록 아이와의 유대 관계에 더 집중할 수 있다.

마음챙김 수행의 효과

아이와 마음챙김 명상을 수행하면, 우선 당신 자신에게 매우 유익하다.[65] 명상을 통해 안정적으로 주의를 집중할 수 있게 되며, 당신의 육아 방식과 아이를 있는 그대로 받아들일 수 있게 된다. 이와 동시에 아이와의 유대감도 쌓을 수 있으며 아이에게 스스로 마음을 차분하게 다스리는 능력을 일찍부터 길러줄 수 있다.

어린이와 청소년을 대상으로 한 점점 더 많은 연구가 마음챙김 명상이 공감 능력과 조망 수용 기술의 발달, 스트레스 감소, 친사회적 기술의 향상 등 여러 가지 면에서 효과가 있음을 입증하고 있다.[66] 비록 마음챙김 수행이 유치원생에게 미치는 영향을 다루는 연구는 많이 발표되지 않았지만, 전문가들은 어린아이의 두뇌가 빠르게 발달하기 때문에 어린아이에게 마음챙김을 가르치는 것이 이롭다고 말한다.[67] 특히, 과학자들은 유치원 시기에는 아이의 자기 조절력이 매우 유연하기 때문에 마음챙김 수행을 하면 자기 조절력을 향상시킬 수 있다고 한다.[68] 어린아이에게 자기가 경험하는 것들에 즉각 반응하기 전에 잠시 멈추고 성찰하도록 반복적으로 지도하면, 아이의 감정 조절 능력을 향상시킬 수 있다.

마음챙김 명상을 배운 수많은 부모가 이 명상 수행이 부모로서의 자존감에 긍정적인 영향을 미쳤으며, 아이와의 관계 향상에도 도움이 되었다고 말한다. 이 장의 첫머리에 등장했던 제인은 마음챙김 양육을 시작한 이후에 샬럿과의 관계에서 아주 중요한 변화를 느꼈다고 말했다.

"이제는 제가 샬럿의 행동을 보고 단서를 얻기 때문에 샬럿에게 행동의 경계와 지침을 자신 있게 알려줄 수 있어요. 그리고 이제 아이가 스스로 자아정체성을 발달시키도록 한 발짝 뒤로 물러서 있고, 아이의 정체성을 제 정체성과 별개라고 생각해요. 저는 명상을 통해 육아 과정을 차근차근 생각하고, 우선순위를 정할 때도 전보다 훨씬 더 의도적으로 접근해요. 요즘 처음으로 육아에 즐거움을 느끼고 있어요."

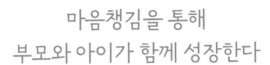

마음챙김을 통해
부모와 아이가 함께 성장한다

아이와 함께하는 마음챙김 명상은 그 효과가 즉시 나타나지 않아서 상당히 어렵게 느껴질 수 있다. 하지만 이 명상을 아이와 '함께' 연습하고 있다는 점을 반드시 명심해야 한다. 아이와 함께 명상 수행을 함으로써 아이에 관해 많은 것을 알게 된다. 예를 들어 아이가 어떻게 집중하고 어떻게 화난 마음을 가라앉히는지, 의사 결정은 어떻게 하는지 등을 알 수 있다. 아이와 함께 규칙적으로, 자주 명상한다면 이런 측면에서 아이가 어떻게 변해가는지 살펴볼 수 있을 것이다.

다음은 아이와 함께 하는 마음챙김 명상에서 부모가 해야 할 역할을 정리한 내용으로, 아이와 명상 수행을 시작하는 데 도움이 될 것이다.

- 아이가 안정감과 부모의 보살핌, 지지를 느낄 수 있는 양육 환경을 조성하자.
- 아이에게 감정은 끊임없이 변하며, 파도처럼 순식간에 왔다가 간다는 사실을 알려주자.
- 옳은 감정과 그른 감정이 따로 있는 것이 아니며, 감정과 생각을 옳거나 그르다고 판단해선 안 된다고 설명해주자.
- 아이에게 생각을 파악하고 감정에 이름을 붙이는 방법을 모델링하자. 이때 감정에는 분노, 슬픔, 행복 등의 이름이 있다는 사실을 아이에게 알려주자(아이와 감정에 관해 이야기하면 아이의 사회성과 정서 지능을 발달시킬 수 있음을 명심하자).
- 생각과 감정이 신체적 감각(예컨대, 가슴이 조여오는 듯한 답답함이나 목이 메는 듯한 느낌)과 밀접하게 연결되어 있음을 알려주자.
- 불편한 감정을 느낄 때 생각이나 감정을 차분하게 다스리기 위해 호흡에 집중하는 방법을 가르쳐주자.
- 아이에게 사람은 누구나 생각과 감정이 있지만, 그 생각과 감정이 사람마다 달라서 어떤 사람을 행복하게 해주는 것이 다른 사람을 슬프게 할 수도 있음을 가르쳐주자(아이가 마음 상태를 이해하는 능력이 어떻게 발달하는지 더 자세히 알아보려면 1장을 참조하자).

살다 보면 마음챙김이 더 잘되는 순간도 있고, 잘되지 않아 잠시 멈추지 못하고 반사적으로 반응해버리는 순간도 있을 것이다. 그러나 실망하지는 말자. 마음챙김은 평생에 걸쳐 수행해야 하는 기술이다.

MIND 체계의 첫 단계인 마음챙김은 자아 인식 및 자기 조절 능력의 향상과 밀접한 관련이 있다. 마음챙김을 하면 우리의 생각과 감정에 반사적으로 반응하기 전에 잠시 멈출 줄 알게 된다. 즉, 자기의 생각과 감정에 의도적이고 능숙하게 반응할 수 있도록 잠시 준비하는 시간을 갖게 된다.

다음 장에서는 MIND 체계의 두 번째 단계인 I 단계를 다룬다. 잠시 멈춰서 아이가 어떻게 반응하고 있는지에 관한 구체적인 정보를 얻고, 아이의 나이와 발달 단계를 고려해 아이가 경험하는 일을 통찰하는 방법을 알아보자.

6 장

질문을 통해 아이의 감정을
파악하자

"제니퍼 님, 주문하신 음식 나왔습니다!" 식당 점원이 외쳤다.

레베카는 딸을 보며 말했다.

"제니퍼, 네 핫도그 나왔다. 가서 가져오자."

네 살인 제니퍼와 제니퍼의 엄마, 레베카는 주문한 음식을 가지러 갔다.

제니퍼는 먹음직스러운 핫도그와 감자튀김을 보더니 눈동자를 반짝이며 빙그레 웃었다. 그러고는 엄마에게 말했다.

"케첩이요, 엄마. 케첩이 필요해요."

레베카와 제니퍼는 케첩을 뿌리러 소스 코너로 갔다.

"제가 할래요, 엄마."

제니퍼가 온 힘을 다해 펌프를 누르자, 케첩 한 뭉텅이가 핫도그 한가운데로 왈칵 쏟아져 핫도그 빵 양쪽으로 흘러내렸다. 제니퍼는 공포에 질린 표정으로 식당 바닥에 털썩 주저앉았다.

"나 이거 안 먹어!" 제니퍼는 소리를 빽 질렀다.

레베카는 너무 당황하고 실망했으며 가슴까지 답답하게 조여왔다. '정말 이럴 거야?' 레베카가 속으로 생각했다.

당신 아이도 제니퍼처럼 눈 깜짝할 새 감정이 돌변한 적이 있는가? 제니퍼의 감정은 고작 1분 동안 흥분에서 단호함으로, 그리고 곧 참담함으로 바뀌었다. 아이의 감정이 이렇게 급작스럽게 바뀌면 매우 혼란스럽고 때로는 화도 치밀어 오를 것이다. MIND

체계는 이렇게 갑자기 돌변하는 아이의 행동은 물론 아이 행동에 대한 당신의 반응도 이해하도록 도와줄 것이다.

이 장에서는 MIND 체계 중 앞장에서 살펴본 '마음챙김 Mindfulness' 단계, 즉 M 단계에 이어, '질문 Inquiry'을 뜻하는 I 단계를 알아볼 것이다. 구체적으로는, 아이에게 어떻게 질문해야 하며 질문에 대답하는 방법을 어떻게 안내하고 모델링할지 살펴볼 것이다. 아이는 이렇게 질문하고 대답하는 과정을 통해 정서 지능을 발달시킬 수 있다.

한편, 당신이 마음의 평정을 느끼며 마음챙김 상태에 들어서야 옳거나 그르다는 판단 없이 질문할 수 있으며 아이의 관점에서 세상을 바라볼 수 있다. 일단 마음챙김 상태가 되면, 아이의 행동에 관해 질문하고 아이의 대답을 경청하며 아이가 그런 행동을 한 이유를 당신이 어떻게 가정하고 있는지 생각해보자. 당신과 아이는 당신이 하는 질문과 질문하는 방식을 통해 스스로 주변 환경이나 상대방에게 어떻게 반응하는지 깨닫게 될 것이다.

아이의 반응뿐 아니라 당신 자신의 반응에 관해서 스스로 질문하면, 당신이 지금 무엇을 겪고 있는지 자세히 알 수 있다. 질문을 통해 신체적으로는 무엇을 경험하고 있는지, 그리고 당신의 감정이 내면의 목소리가 말하는 내용과 어떻게 연결되는지에 관한 정보를 얻을 수 있다. 이러한 정보를 얻기 위해서는, 당신 자신에게 호기심을 가져야 한다. 즉, 아이의 감정이 폭발하는 상황에서도 당신이나 아이를 판단하지 않고, 당신 내면에서 무슨 일이 일어나고 있는지 집중해야 하는 것이다.

일단 당신과 아이가 지금 경험하는 일에 관한 정보를 얻을 수 있다면, 지금 일어나고 있는 일을 통찰할 수 있을 것이다. 아이의 경험을 통찰하려면, 침착하고 차분한 상태에서 그 경험을 아이의 눈으로 다시 바라봐야 한다. 그리고 당신이 '무엇을 어떤 방식으로' 경험하는지, 또 당신이 인식하기에 아이가 무엇을 경험하는지 스스로 질문하면, 당신과 아이의 경험을 통찰할 수 있다.

이러한 질문 과정에 익숙해지면 이 과정을 아이에게 더 쉽게 가르쳐줄 수 있다. 아이가 스스로 질문할 수 있게 되면 자신의 감정을 파악할 수 있으며 이러한 감정이 자신의 생각과 행동을 유발한다는 사실을 깨달을 수 있다. 아울러, 자신의 행동이 다른 사람의 감정에 영향을 끼친다는 사실을 알게 되며 다른 사람과 효과적으로 의사소통하고 협동하는 방법 또한 찾을 수 있다.

질문하기 전에
마음챙김부터

질문을 시작하기 전에 마음챙김부터 하도록 하자. 당신의 신체 감각에 주의를 기울이면, 당신의 마음이 활짝 열려 있는지 아니면 굳게 닫혀 있는지 알 수 있다. 예를 들어 당신이 편안하고 행복하면, 지금 경험하고 있는 것에 좀 더 열린 마음으로 반응할 것이다. 반대로, 몸속에서 팽팽한 긴장감을 느끼면, 분노나 좌절을 느끼고 불쾌한 말이나 거친 행동을 할 것이다. 이런 경우, 당신은 지금 겪고 있는 일에서 어떤 정보도 수집할 수 없다. 침착하게 정보를 얻을 준비가 될 때까지 기다렸다가 질문하도록 하자.

서양의 저명한 명상 지도자인 조셉 골드스타인Joseph Goldstein은 끊임없이 변화하는 감정의 속성에 관해 언급했다. 그에 따르면, 우리가 마음을 가라앉히기 위해 잠시 멈춰 보면, 우리의 기분, 생각, 신체적 긴장도가 계속 변한다는 것을 알아차릴 수 있다. 골드스타인은 마음 상태는 한시도 쉬지 않고 변하며 여기저기로 통통 튀어서, 자신이 의도한 대로 반응하려면 굉장한 노력이 필요하다고 지적했다.[69]

잠시 멈추지 않고 즉각 반응해버리면, 팽팽한 긴장감이 계속 몸속에 남아 있어 당신이 지금 겪고 있는 일에 집중하기 어렵다. 몸속에서 긴장감이 느껴지면, 일단 그 긴장감을 유발하는 감정이 무엇인지 파악한 후에 감정의 크기를 살펴보자. 당신이 느끼는 감정이 감당하기 힘들 정도로 크다면, 그 감정이 작아질 때까지 기다리자. 제어할 수 있을 정도로 감정이 작아지면, 그때 비로소 경험하고 있는 일에 집중할 수 있다.

당신이 아이의 행동을 어떻게 인식하는지 호기심을 가지고 살펴보자. 또 당신 내면의 목소리가 당신에게 뭐라고 말하는지 경청해보자. 우리 내면의 목소리는 종종 우리에게 의심, 판단, 두려움을 불러일으키는 말을 한다. 때로는 '내 아이가 이렇게 행동하다니, 난 정말 형편없는 부모야'라고 하고, 또 어떤 때는 '부모로서 어떻게 해야 할지 몰라서 너무 두려워'라고 말하기도 한다. 일단 당신의 감정을 제어할 수 있게 되면 당신 자신에게 다음 질문을 해보자.

· 어떤 감정이 드는가? 의심, 불안, 혹은 분노를 느끼는가?

· 당신은 아이가 어떻게 행동하길 바라는가?

· 아이의 현재 행동에 만족하는가? 그렇지 않다면 무엇이 바뀌어야 하며, 왜 그렇게 생각하는가?

마음을 차분하게 다스리는 법을 배우면 당신이 어떤 감정을 느끼고 무엇을 인식하는지 더 명확히 알 수 있다. 그리고 당신이 느끼는 감정에 좀 더 부드럽게 반응하게 되어, 지금 일어나고 있는 일을 열린 마음으로 바라볼 수 있게 된다. 마음챙김을 통해 아이가 어떻게 행동해야 한다고 생각하는지, 그리고 당신이 아이를 어떻게 양육해야 한다고 믿는지 신중하게 되짚어보자. 아울러, 당신이 경험하고 있는 것에 집중하고 인식하는 것에 관해 호기심을 갖고 친절하게 질문해보자.

인내심으로 대처하자

당신은 하필 아이의 갈등 상황에 관해 질문을 시작하려고 할 때, 당신의 평정심을 깨뜨리는 감정을 경험할 수도 있다. 인간의 마음 상태는 항상 변화하며, 감정과 생각에 따라 기분이 계속 바뀌고 평정 상태가 한순간에 무너지기도 한다. 4장에서 살펴본 유리 브론펜브레너의 연구를 다시 떠올려보자. 그의 연구에 따르면, 당신과 아이에게 좋든 나쁘든 지대한 영향을 끼치는 외부 체계, 즉 가족, 친구와 같은 미시체계와 문화, 사회 규범과 같은 거시체계가 존재한다. 이 체계는 당신의 믿음, 생각, 의견에 영향을 끼치는 건 물론이며 두려움과 고통까지 불러일으킬 수 있다.

당신이 마음의 평정을 잃었을 때, 만트라를 외면 도움이 된다. 사람들이 평정심을 되찾기 위해 즐겨 외우는 만트라 중 하나는 '인내심으로 대처하자'다. 이 짧은 문장은 우리에게 침착함을 유지하고 일어나는 일을 그대로 받아들이라고 일러준다. 아이의 감정이 폭발하는 순간에도 평정심을 유지할 정도로 인내할 수 있다면, 그 순간 아이가 경험하는 일에 관한 정보를 얻어 아이의 경험을 통찰할 수 있다.

이 장 첫머리에 나왔던 레베카와 제니퍼의 이야기로 다시 돌아가 보자. 제니퍼는 빵 양쪽으로 케첩이 줄줄 흘러내리는 핫도그를 한참 노려보다가 결국 울음을 그쳤다. 하지만 레베카는 여전히 공황 상태였다. '제니퍼가 다시 비명을 지르진 않을까?' 레베카는 긴장해서 자기도 모르게 어금니를 악물었다. 그녀는 마음챙김이 필요하다고 생각해서 심호흡을 하며 마음속으로 만트라를 되뇌었다. '인내심으로 대처하자, 인내심으로 대처하자, 인내, 인내심으로 대처하자.' 만트라를 계속 되뇌다 보니, 시시각각 변화하는 현실 세계에서 부모가 되려면 엄청난 인내가 필요하다는 사실을 다시 떠올릴 수 있었다.

레베카는 이렇게 마음의 여유를 찾고 나니, 왜 이 일이 자신을 그토록 화나게 했는지 스스로 질문할 수 있었다. 그녀는 자신이 딸아이의 예측 불가능한 행동을 두려워한다는 사실을 깨달았다. 특히, 오늘은 계획한 대로 집 안 청소를 꼭 해야 했는데 아이를 달래느라 귀중한 시간을 낭비했다는 생각에 분노가 치밀어 올랐다. 레베카는 낭비한 시간 때문에 자신이 긴장했다는 사실을 인식하자, 마음이 편안해졌다. 단지 긴장의 원인을 파악했을 뿐인데 마음의 평정을 되찾을 수 있었던 것이다.

당신 반응의 원인에 관해 질문한 다음, 초점을 당신 자신에서 아이로 옮겨 아이가 겪는 갈등의 원인에 관해 질문하자. 여기에서 '갈등'이란 자기 내부에서 혹은 자신과 다른 사람 사이에서 의견이 충돌하는 상호작용 과정을 의미한다. 아이의 행동은 자신과의 개인적 갈등(개인 내)이나 다른 사람과 상반되는 의견, 믿음, 생각 때문에 빚어지는 갈등(개인 간)에서 비롯된다. 당신은 이 두 가지 유형의 갈등을 관찰한 적이 있을 것이다. 예를 들어, 아이가 완벽한 동그라미를 그리지 못해 좌절하거나(개인 내 갈등), 누가 더 달리기가 빠른지를 놓고 친구와 논쟁하는 모습(개인 간 갈등)을 본 적이 있을 것이다. 아이의 생각과 행동은 나이와 발달 단계에 따라 달라지므로 이 점을 염두에 두고 인내심을 발휘하는 동시에 발달 과정에 관한 지식을 활용해 아이가 갈등을 해결하도록 도와주자.

레베카는 일단 침착함을 되찾은 후에 제니퍼에게로 초점을 옮겨서 아이의 행동을 호기심 어린 눈으로 지켜봤다. 그리고 아이 행동 하나하나를 자신에게 차근차근 설명했다.

'제니퍼가 핫도그 빵을 쳐다본다 … 손으로 냅킨을 접는다 …

냅킨으로 빵 옆에 묻은 케첩을 닦아서 접시로 밀어낸다 … 손가락에 케첩이 묻는다 … 끈적해진 손가락 때문에 울지 말지 고민한다.'

이렇게 제니퍼의 행동을 하나하나 설명한 덕분에 레베카는 현재에 머무를 수 있었고, 잠시 멈췄다가 반응할 수 있었으며, 제니퍼의 행동을 더 잘 이해할 수 있었다. 또 자신의 감정과 제니퍼의 행동에 관한 판단을 피할 수 있었다. '제니퍼가 당시에 어떤 감정을 느꼈을까?' 레베카는 자신에게 질문했다. 그녀는 제니퍼가 뭐든지 질서정연하게 정돈되어 있는 것을 좋아하기 때문에 핫도그에 지저분하게 묻은 케첩을 보고 당연히 화나고 속상했을 거라고 생각했다. 레베카는 나중에 집에 도착해서 제니퍼가 좀 차분해지면 제니퍼가 겪은 갈등의 원인이 뭔지 질문하기로 결심했다.

갈등 상황이 발생했을 때 먼저 당신 자신의 마음 상태에 관해 질문하고, 그다음 아이에게로 초점을 옮겨 아이의 마음 상태에 관해 질문하는 이 일련의 과정이 꽤 오래 걸리는 것처럼 보일 수 있다. 하지만 실제로는 시간이 매우 짧게 걸리며, 연습할수록 점차 수월해진다.

아이가 스스로 질문하게 하기

질문을 통해 아이의 갈등에 관한 정보를 얻어 부정적 반응 없이 아이의 경험을 이해할 수 있게 되면, 당신은 아이 스스로 질문자가 되도록 가르칠 준비가 된 것이다. 아이가 자신에게 스스로 질문하면, 자신의 개인 내 갈등은 물론 개인 간 갈등에 호기심을 갖게 되고 가장 좋은 대응 방법을 찾게 된다. 시간이 흘러 점차 성장함에 따라 아이는 자극과 반응 사이에 잠시 멈춰 의도를 가지고 사려 깊게 행동할 수 있게 된다.

아이는 스스로 질문함으로써 다음과 같은 일을 해낼 수 있다.[70, 71, 72]

· 자기 경험을 더 세세하게 이해할 수 있다.

· 새로운 아이디어를 생각해내고 발전시킬 수 있다.

· 다른 사람과 의사소통하고 협동할 수 있다.

· 문제 해결 능력을 향상시킬 수 있다.

다행스러운 사실은 아이들은 이미 타고난 질문자라는 것이다. 우리는 어린아이가 "하늘은 왜 파란색이에요?", "우유는 어디에서 와요?" 등 끊임없이 질문한다는 사실을 이미 알고 있다. 유치원생들이 어른과 나눈 자연스러운 대화를 분석한 한 연구에 따르면, 아이는 시간당 대략 76개의 정보 탐색 질문을 한다![73]

아이의 경험에 관한 당신의 해석을 아이에게 말해주는 대신 그 경험에 대해 직접 질문하면 아이는 스스로 세상을 이해해나갈 수 있다. 그리고 아이에게 질문함으로써 아이의 관점을 더 잘 이해할 수 있게 된다. 또 아이의 대답을 경청하면서 당신의 관점도 아이와 공유할 수 있다. 이렇게 열린 자세로 아이와 대화하면, 아이의 사회적·정서적 발달을 도울 수 있다.

다른 사람의 생각에 관해 생각하는 능력은 아이가 커감에 따라 점진적으로 발달한다는 사실을 명심하자. 당신은 아이에게 이 능력을 발달시키는 방법을 안내해주고 아이가 이 능력을 발달시킬 때까지 '꾹 참고 인내하며' 기다려주어야 한다. 우리는 1장에서 아이가 성장함에 따라 마음 상태를 이해하는 능력이 어떻게 변화하고 발달하는지 살펴봤다. 이 내용을 다시 보며 마음 이론의 발달에 관해 알고 있는 내용을 한번 더 훑어보자.

- 어린아이들은 사람마다 욕구, 좋아하는 것, 싫어하는 것이 다르며, 사람들이 이에 따라 행동한다는 사실을 깨닫는다.
- 유치원생들은 사람들이 틀린 믿음을 가질 수도 있음을 이해한다. 또 점차 커가면서 마음 상태를 다른 사람에게 숨길 수 있음을 깨닫는다.
- 아이가 학령기에 접어들면, 마음은 항상 생각으로 가득 차 있다는 사실, 즉 끊임없는 의식의 흐름을 이해하게 된다.

1부에서 다룬 연구들을 다시 되돌아보면, 아이가 마음 이론을 깊이 이해하는 데 상당한 시간이 걸린다는 점을 이해하게 되어 아이에 대한 기대치를 적절하게 수정할 수 있을 것이다. 그렇지만 어린아이들은 놀라울 정도로 자신의 감정을 잘 파악하고 자신이 겪고 있는 일을 창의적으로 잘 설명하기도 한다. 내가 가르쳤던 아이 중 세 살짜리 라마는 두 팔을 퍼덕거리고 위아래로 폴짝폴짝 뛰며 "난 개구리처럼 점프할 수 있어요. 내 팔이랑 다리가 이렇게 움직이고 싶어 해요"라고 말했고, 다섯 살 난 와디야는 자기 이마를 가리키며 "난 두 개의 감정을 느껴요. 내 뱃속에 전기가 찌릿찌릿 흐르고 여기 머릿속에는 나방이 몇 마리 날아다녀요"라고 말했다.

감정 항아리를 사용해서
질문하기

　2장에서는 그림책을 사용해 아이의 감정 어휘를 확장하는 전략을 몇 가지 살펴보았다. 다음은 이러한 감정 어휘 확장 전략을 바탕으로 한 '감정 항아리feelings jar'라는 도구를 만드는 방법이다. 감정 항아리 활동을 통해 아이는 자신의 내적 경험에 관해 질문할 수 있으며 부모는 아이가 느끼는 감정에 관한 정보를 얻어 아이의 감정을 통찰할 수 있다. 감정 항아리는 아이가 감정을 파악하고 이에 관해 대화할 줄만 알게 되면 바로 아이와 함께 만들 수 있다.

2부 MIND 체계

감정 항아리 활동지

활동 목표	아이에게 감정과 생각은 좋든 나쁘든 영원하지 않지만, 우리가 감정과 생각으로부터 정보를 얻을 수 있음을 보여준다. 아이가 순간순간 자기 몸과 마음을 지나가는 감정과 생각에 관해 잘 안다면, 현명한 의사 결정을 할 수 있다.
가르칠 점	· 감정은 계속 오고 가며, 우리에게 정보를 준다. · 감정의 강도는 다양하다. 즉, 감정은 크거나 작을 수 있다. · 두 가지 이상의 감정을 동시에 느낄 수도 있다.
재료	· 이름표 · 크레용 또는 마커 · 투명 항아리 · 폼폼(노랑, 하양, 초록, 파랑, 보라, 빨강, 주황, 검정, 분홍, 갈색): 색깔당 두 개씩(큰 거 하나, 작은 거 하나) 준비
방법	① 아이가 크레용 또는 마커로 이름표를 직접 꾸민 후 '감정 항아리'라고 쓴 이름표를 항아리에 붙인다. ② 아이에게 각 폼폼 쌍은 행복, 슬픔, 신남과 같은 특정 감정을 의미하며, 감정이 클 수도 있고 작을 수도 있기 때문에 폼폼도 큰 것과 작은 것이 있다고 설명한다(폼폼을 사용하는 이유는 폼폼이 감정이라는 추상적 개념을 쉽게 표현할 수 있는 물체이기 때문이다. 만질 수 있는 물체를 사용해서 만질 수 없는 생각을 설명하면, 아이가 더 잘 이해할 수 있다). ③ 폼폼들을 색깔별로 한 쌍씩 늘어놓고, 아이에게 색깔마다 하나의 감정을 정하라고 한다. 예를 들어, 초록은 불안감, 검정은 두려움, 보라는 질투심, 분홍은 신남 등으로 정할 수 있다. 아이가 많이 어린 경우, 감정을 정할 때 부모의 도움이 필요할 수 있다.

집에서 아이와 함께 해보는 감정 항아리 활동

감정 항아리 활동을 매일 규칙적으로 하려면, 잠자리 독서 시간 직전처럼 당신과 아이가 모두 차분해지는 시간대를 고르자. 그리고 감정 항아리를 사용해 하루를 되돌아보며 마무리하자. 아이가 네 살 이상이고 감정 항아리 활동에 익숙하다면, 미리 정해놓은 감정 항아리 활동 시간이 아니더라도 아이의 감정이 폭발했을 때 감정 항아리를 꺼내서 활동해보자. 아이는 이 활동을 통해 자신의 감정을 다스린 후 다음번에는 어떻게 대응할지 생각할 수 있다.

다음 대본을 아이가 실제 경험한 일과 쉽게 공감할 수 있는 시나리오로 수정해서 사용해보자. 하루 동안 당신에게 있었던 일 중 하나를 골라 폼폼을 사용해 아이에게 이야기해줌으로써 활동을 시작할 수 있다.

"오늘 수 이모와 대화할 때 엄만 너무 행복했어(노랗고 큰 폼폼을 감정 항아리에서 꺼내 당신 앞에 놓는다). 그런데 수 이모랑 얘기하는 동안 레니가 엄마 신발을 물어뜯어서 화가 났어(빨갛고 큰 폼폼을 꺼낸다). 엄마가 레니에게 신발을 내려놓으라고 얘기했을 때 레니가 그렇게 해서 엄마 화가 좀 사그라들었단다(빨갛고 큰 폼폼을 작은 것으로 바꾼다). 수 이모가 엄마한테 왜 레니에게 소리를 질렀냐고 물어서 레니가 신발을 물어뜯어서 그랬다고 말했어. 그랬더니 수 이모는 강아지를 훈련시키는 게 참 힘든 일이라고 말했어. 수 이모가 레니에 관해 얘기하자 엄마 감정이 변했어. 여전히 행복하긴 했지만, 그 행복한 감정이 작아졌어(노랗고 큰 폼폼을 작은 것으로 바꾼다). 레니에게 가르칠 것이 아직도 많이 남아 있다고 생각하니까 슬프고(파랗고 작은 폼폼을 꺼낸다), 피곤했어. (아이와 함께 폼폼을 보면서 당신이 두 가지 감정을 동시에 느꼈고 어떤 감정은 큰 것에서 작은 것으로 바뀌었음을 설명해주자)"

그다음 아이가 당신이 방금 보여준 방법대로 하루 중 있었던 일에 관해 감정을 표현하며 이야기해보도록 하자.

감정 항아리 활동을 통해 얻는 아이에 관한 중요한 정보

아이가 감정적으로 폭발한 후에 감정 항아리를 사용하면, 자기 행동의 원인과 결과를 더 잘 인식할 수 있다. 당신과 아이 모두 마음이 차분해지고 아이의 감정이 폭발했던 일에 관해 이야기할 수 있게 되면, 감정 항아리를 꺼내 무슨 일이 일어났는지 질문하자. 아래 예시는 이 장 초반에 등장했던 레베카와 제니퍼의 이야기를 다시 다룬다. 이 예시에서 레베카는 제니퍼가 어떤 감정을 느꼈는지 마음대로 해석해서 이야기하는 대신, 감정 항아리를 사용해서 제니퍼가 어떤 감정을 느꼈는지 질문하고, 자기 행동에 관해 생각해보도록 하고 있다.

레베카: 오늘 핫도그 빵에 케첩이 한꺼번에 많이 뿌려졌을 때, 네가 울었잖아. 그때 네가 느꼈던 감정을 나타내는 폼폼을 감정 항아리에서 모두 꺼내 보자.

제니퍼: 케첩이 쏟아진 핫도그를 보니 화나고(빨갛고 큰 폼폼) 배도 고프고(배고픔을 의미하는 폼폼은 따로 정하지 않았다!) 무서웠어요 (까맣고 큰 폼폼).

레베카: 오, 무서운 감정이 컸니?

제니퍼: 크진 않았어요. 작은 감정이었어요(까맣고 큰 폼폼을 작은 것으로 바꾼다).

레베카: 그때 왜 무서웠는지 기억나니?

제니퍼: 내 핫도그가 너무 지저분해져서 못 먹게 될까 봐 화가 났어요. 그리고 배가 너무 고팠어요. 케첩이 그렇게 많이 나올 줄은 몰랐어요. 전 그냥 케첩을 한 줄로 조금만 뿌리고 싶었어요. 그런데 한꺼번에 푹 나와서 무서웠어요.

레베카: (제니퍼가 운 이유가 무서움 때문이라고? 내가 낭비한 시간 때문에 걱정하는 동안 아이는 무서워하고 있었구나.) 네가 느꼈던 감정을 이야기해줘서 고마워. 엄마는 식당에서 네가 우는 모습을 보고, 네가 크고 작은 감정을 느꼈다는 걸 알았어. 이제 그 감정들이 무슨 감정이었는지 알게 돼서 기쁘구나.

위 예시는 부모가 감정 항아리를 사용해 아이 감정에 관한 중요한 정보를 얻을 수 있음을 보여준다. 부모는 이 정보를 바탕으로 아이에게 비판단적으로 대응할 수 있으며, 아이가 안전하게 보호받고 인정받고 있다고 느끼도록 할 수 있다.

아이의 감정 통찰하기

아이의 감정에 관해 질문하다 보면, 아이가 겪는 갈등에 흔히 반복되는 주제가 몇 가지 있음을 알게 될 것이다. '갈등'이란 자기 내부에서 혹은 나와 타인 사이에서 의견이 충돌하는 상호작용 과정임을 다시 떠올려보자. 아이가 겪는 갈등의 원인을 파악하려면 아이를 경청해야 한다. 당신 내면의 수다(당신 머릿속에서 끊임없이 당신에게 말하는 목소리)를 멈추고, 아이의 말과 행동에 주의를 기울여보자. 내면의 수다는 주의 집중을 방해하기 때문에 아이와 대화하는 도중에 당신 머릿속에서 수다가 시작되면 곧바로 멈춰야 한다.

일단 마음 상태가 차분해지면, 아이가 특정 방식으로 반응한 데에는 다 나름의 이유가 있음을 인정하자. 이제 아이를 주의 깊게 관찰할 마음의 여유가 생겼으니, 아이의 행동을 따뜻하고 애정 어린 시선으로 바라보며 아이와 함께 갈등의 원인을 파악하고 그 갈등에 현명하게 대처하는 방법을 생각해보자. 이때 갈등은 아이가 상황을 어떻게 인식하는지와 깊은 관련이 있다는 사실을 명심하자. 당신과 아이가 감정과 생각을 파악하는 데 익숙해지면 아이는 자신의 감정과 생각을 더 편안하게 공유할 것이다.

아이가 갈등을 경험하면, 기분과 행동이 변한다(이는 어른도 마찬가지다). 갈등을 경험하는 것은 자연스러운 일이며 이를 피할 수는 없다. 부모의 역할은 아이가 갈등을 파악하고 이에 대처하는 방법을 배우도록 돕는 것이다. 갈등에 적절하게 대처하며 사회성과 정서 지능이 높은 아이로 키우려면, 아이가 자신이 겪고 있는 갈등이 개인 내 갈등인지 개인 간 갈등인지 파악하도록 가르쳐줘야 한다. 이를 통해 아이는 일어나길 바랐던 것과 실제로 일어난 것 사이의 차이를 인식할 수 있으며, 자신과 다른 소망·관점을 가진 사람들을 공감할 수 있다.

아이가 갈등의 원인이 무엇인지 제대로 말하지 못하거나 말한다 해도 그것이 현재 갈등 상황과 아무런 상관이 없을 수도 있음을 명심하자. 예를 들어, 아이는 단지 친구가 당근을 너무 많이 먹으면 호박벌로 변할 거라고 말했기 때문에 좋아하던 당근을 갑자기 그만 먹겠다고 할 수도 있다. 아이가 겪는 갈등의 원인을 파악하려고 노력하면, 아이의 행동을 인정하고 받아들일 수 있다. 당신이 아이와 함께 갈등에 대처하는 전략을 생각하면, 아이는 회복 탄력성, 협동심, 자아 인식과 같은 사회적·정서적 기술도 발달시킬 수 있다.

아이가 개인 내 갈등에
잘 대처하도록 도와주기

아이가 겪는 갈등의 흔한 원인 중 하나는 '자신의 욕구와 실제 결과의 불일치'다. 가령, 새 게임을 하고 싶은데 혼자서는 게임 방법을 이해할 수 없을 때 내적 갈등을 경험한다. 이러한 내적 갈등은 아이의 기대와 현실이 일치하지 않을 때 발생한다. 내가 가르치던 여섯 살짜리 아이들은 이런 상황을 '미스매치mismatch'라고 부르곤 했다. 미스매치는 아이의 문제 해결 능력, 소근육 운동 기술(글씨 쓰기, 가위질 같은 작업에 필요한 손 조작 능력), 대근육 운동 기술(나무 타기 같은 활동에 필요한 큰 움직임과 신체 협응력)과 같은 능력이 자신의 기대에 못 미칠 때 일어난다.

미스매치 상황이 발생했을 때 아이가 스스로 좌절감을 다스릴 수 있도록 도와주기 위해, 3장의 '아이와 함께 계획 세우고 성찰하기' 부분을 다시 한번 살펴보자. 이 부분에 소개된 전략을 통해 아이는 활동을 계획할 때 활동 중에 발생할 수도 있는 개인 내 갈등을 예상해보고, 활동이 끝난 후에 활동을 성찰할 수 있다. 다음은 일상에서 계획과 성찰을 생활화하기 위해 아이와 함께 할 수 있는 일들을 다시 정리한 것이다.

- 하루 일과 사이사이(기상 시간, 식사 시간, 취침 시간)에 아이와 활동 계획, 활동, 활동 후 성찰한 내용에 관해 대화하자.
- 아이에게 다음에는 무슨 활동을 할 계획인지, 어떤 결과를 예상하는지 물어보자.
- 계획을 실행하기 전에 예상되는 문제를 함께 해결하고 아이 행동의 경계를 확실하게 정해주자.
- 활동이 끝나면 어떤 점이 잘 됐고 앞으로 어떤 점을 수정해야 할지 이야기하며 활동 결과를 함께 성찰하자.

아이가 커갈수록, 아이의 내적 갈등을 알아채기가 점점 더 어려워진다. 아이는 유치원 시기 후반부에 접어들면 자기감정을 다른 사람에게 숨길 수 있음을 이해하게 된다. 2장에서 살펴본 헨리와 헨리 엄마의 이야기를 다시 떠올려보자. 헨리는 다섯 살이 되자 갑자기 말수가 급격하게 줄며 더 이상 큰 소리로 이야기하지 않았고, 자신이 느끼는 좌절감을 드러내지 않으려고 자신을 점점 더 통제했다. 자기 생각과 감정을 다른 사람한테 숨길 수 있게 된 것이다. 그래서 헨리의 엄마는 헨리에게 더 많이 질문하기 시작했고, 아이의 필요에 바로바로 응했으며 아이가 경험한 일을 있는 그대로 인정해줬다. 그리고 다른 모든 사람처럼 엄마도 내면의 목소리가 있으며, 때로는 이 내면의 목소리가 아주 불친절하게 말하기도 한다고 알려주었다. 헨리는 자기 부모님뿐만 아니라 대부분의 사람이 이러한 내적 갈등을 겪는다는 사실을 알고 안심하게 되었다.

당신 아이에게도 맘속에 내면의 비평가, 즉 자신의 행동을 판단하고 자신을 남들과 비교하는 내면의 비판적 목소리가 있음을 알려주자. 내가 가르치던 여섯 살짜리 아이들은 이것을 '성난 마음hot mind'이라고 불렀다. 아이들은 이 성난 마음 때문에 자신의 행동이 어떤 결과를 가져올지 잠시 멈춰 생각하지 않고 즉각 반응하게 된다. 다섯 살 난 줄리아는 자기 내면의 목소리가 바로 자기 자신임을 깨닫고는 이렇게 말했다.

"내가 나한테 나쁜 말을 하는 건 바보 같은 짓이에요. 나 자신한테 못된 말을 하면 안 돼요. 나를 친절하게 대해야 해요."

아이가 내적 갈등을 경험할 때 아이 내면의 목소리가 뭐라고 말하는지 물어보자. 그리고 나 자신에게 친절해야 한다는 줄리아의 현명한 조언을 명심하자. 다음은 아이에게 할 수 있는 질문의 예시다.

· 네 내면의 목소리가 지금 너에게 뭐라고 말하고 있어? 잠시 편하게 쉬면서 네 생각에 귀 기울여봐.
· 네가 너에게 하는 말을 꼭 믿어야 할까?
· 네가 너에게 그런 말을 하면 기분이 어때? 너는 너 자신에게 친절하니? 아니면 네가 너에게 하는 말 때문에 슬프고 화나거나 좌절감이 드니?
· 네가 너에게 했던 말을 네 친구에게 할 수 있겠니? 네 친구 중 한 명을 골라 그 친구한테 네가 너에게 했던 말을 한다고 상상해보자. 친구에게 이렇게 말하는 게 옳다고 생각하니? 너 자신에게 이렇게 말하는 건 옳은 일일까?
· 네 성난 마음은 어떻게 진정시킬 수 있을까?
· 이 문제를 해결할 아이디어가 있니? 그 아이디어를 다음번에 같이 시도해보자!

아이가 개인 간 갈등에
잘 대처하도록 도와주기

자신과 다른 사람 사이의 갈등은 주로 사고가 경직되어 있고 자기 의견만 중요하다고 생각할 때 발생한다. 아이에게 다음 사항들을 알려주도록 하자.

· 모든 사람은 각자 자신의 관점을 가지고 있으며 우리는 다른 사람의 관점을 존중해야 한다는 사실
· 자신의 의견이 다른 사람에게 받아들여지지 않았을 때 대처하는 방법
· 다른 사람이 자신의 의견이 거절당할 때 보이는 반응들

조직 심리학자들에 따르면, 사회성과 정서 지능이 뛰어난 사람들은 훌륭한 팀원이 될 수 있다. 훌륭한 팀원은 다른 팀원의 관점을 존중하는 동시에 자신의 지식과 창의성을 발휘해 팀에 기여한다.[74] 당신은 아이가 자신의 아이디어를 억누르지 않고 팀과 공유하며 겸손하고 다른 사람을 축하해줄 줄 아는 사람으로 자라길 바랄 것이다. 아울러, 아이가 팀의 가치와 개개인의 가치 사이의 균형을 유지하는 것이 중요하다는 사실도 깨닫길 바랄 것이다. 아이가 다른 사람과 긍정적인 관계를 맺을 수 있으려면, 우선 자신의 믿음을 생각해보고 다른 사람의 믿음이 자신과 다르다는 사실을 인식하고 받아들일 줄 알아야 한다.

다음 예시는 감정 항아리를 사용하여 다른 사람의 관점을 상상하고 자신의 관점과 비교해보는 과정을 보여준다. 예시를 통해 아이가 두 관점의 차이를 파악하고 해결책을 곰곰이 생각하도록 안내해보자.

부모: 아까 네가 에스더와 다투는 소리를 들었단다. 그때의 기분을 모두 떠올려 보여줄 수 있니?

아이: (빨갛고 큰 폼폼을 꺼낸다.)

부모: 다른 감정은 안 느꼈니?

아이: 네, 그냥 화만 났어요.

부모: 네 생각에 에스더는 어떤 감정을 느꼈을 것 같니?

아이: (빨갛고 큰 폼폼을 가리킨 다음, 노랗고 작은 폼폼을 또 꺼낸다.)

부모: 에스더가 약간 행복했을 것 같니? 왜 행복했을까?

아이: 맨날 에스더가 이기니까요. 오늘은 제가 이기고 싶었어요.

부모: 그러니까 에스더는 두 가지 감정을 느끼고 너는 한 가지 감정을 느꼈다고 생각하니? 만일 네가 에스더랑 이야기할 기회가 있다면, 뭐라고 말하고 싶니?

아이: 그럼 에스더한테 나도 이기고 싶다고 말할 거예요.

부모: 만일 네가 이겼다면 어땠을까? 네 기분이 어땠을 것 같니? 그리고 에스더는 어떤 기분이었을까?

아이: 이건 제 기분이고(노랗고 큰 폼폼을 꺼낸다), 이건 에스더 기분이에요(파랗고 작은 폼폼을 가리킨다).

부모: 만일 네가 이겼다면 넌 정말 행복했을 테고, 에스더는 조금 슬펐겠구나. 네가 이긴다면 에스더에게 어떻게 말할래?

아이: (잠시 멈춰 생각하더니) "잘했어"라고 말해줄 거예요.

부모: 넌 참 친절하구나. 네가 그렇게 말하면 에스더가 졌더라도 기분이 괜찮을 것 같구나.

아이: 네.

위 예시에서 부모가 아이에게 어떤 감정을 느끼라고 말하거나 아이 친구가 어떤 기분을 느꼈을 거라고 말하지 않았음에 주목하자. 부모는 단지 아이에게 질문하고 아이의 대답을 경청하기만 했다. 이렇게 하면, 아이는 옳고 그른 감정이 따로 없다는 점과 나 아닌 다른 사람이 어떤 감정을 느낄지는 오직 상상할 수밖에 없다는 점을 배울 수 있다.

아울러, 아이가 상대에게 대접받고자 하는 방식대로 갈등을 해결하려고 한 점도 주목하자. 아이가 갈등을 어떻게 해결할 것인지 스스로 생각해서 말해보는 것은 매우 중요하다. 이때 다른 사람의 해결 방법은 나와 다를 수도 있다는 것을 알려주자. 이러한 해결 방법의 차이가 또 다른 갈등을 불러일으킬 수도 있지만, 이 또한 잘 대처해야 한다. 아이에게 다른 사람과의 갈등을 해결하고자 할 때 때로는 '인내심으로 대처해야 한다'는 것도 말해주자.

잠시 멈추어 질문하면 보이는 것들

당신 자신과 아이에게 질문하려면, 먼저 잠시 멈추고 아이가 어떻게 반응하고 있는지에 관한 정보를 얻어서 그 순간 아이가 경험하는 일을 통찰해야 한다. 이때 아이의 나이와 발달 단계를 고려해야 한다. 이 과정에서 만일 평정심을 잃는다면, 인내심으로 대처해야 함을 기억하자. 당신의 마음이 차분해지면 아이의 행동에 관해 다시 질문을 시작하고 당신의 반응을 주의 깊게 살피자. 당신이 무엇을 경험하는지, 어떻게 반응하는지, 당신이 인식하기에 아이가 무엇을 경험하는지에 관한 정보를 얻어 이를 통찰하자. 질문하다 보면, 당신 자신이나 아이를 수치스러워하거나 비난하거나 비판하게 될 수도 있다.

다음 장에서는 MIND 체계의 다음 요소인 N 단계, 즉 '비판단 Nonjudgment' 단계를 살펴보며 당신 자신과 아이에 관한 판단을 줄이는 방법을 알아볼 것이다.

7 장

비판단적으로
관찰해야 아이를 제대로
이해할 수 있다

브리트니가 엄마인 오드리를 향해 달려왔다. 오드리는 두 살 난 딸을 번쩍 안아 올렸다.

"안녕, 엄마 딸. 널 보니까 엄만 너무 행복해."

그런데 브리트니의 시선이 선생님 쪽을 향하자, 아이 얼굴에 가득했던 미소가 순식간에 사라졌다. 선생님이 다가오자, 브리트니는 시선을 아래로 떨어뜨렸다.

"안녕하세요, 어머님."

선생님이 인사를 건넸다. 오드리는 미소를 지어 보이며 고개를 끄덕였다. 그러면서 가슴속에서 느껴지는 긴장감을 무시하려 애썼다. 오드리는 브리트니가 유치원에서 뭔가 잘못을 저지를 때마다 선생님이 먼저 말을 걸어온다는 걸 잘 알고 있었다.

"이번 주에 브리트니가 공유하는 걸 좀 힘들어했어요. 오늘은 운동장에서 모래놀이 장난감을 자기 쪽으로 쌓아놓더라고요." 선생님이 말했다.

오드리는 브리트니가 자신의 어깨에 얼굴을 파묻고 있는 동안, 선생님 말을 경청했다. 선생님은 계속 말을 이었다.

"오늘 오후에 브리트니가 친구가 가지고 놀던 양동이를 빼앗고 그 친구한테 모래까지 뿌렸어요. 그래서 브리트니에게 친구랑 함께 양동이를 가지고 놀라고 했더니 '이건 내 거야!'라고 소리를 지르더라고요. 댁에서 브리트니랑 공유에 관해 이야기 좀 나눠주세요. 저희도 유치원에서 이야기할게요."

"네, 알겠습니다." 오드리가 대답했다. 그런데 선생님이 이야 기한 것 중에서 '자기 쪽으로 쌓아놨다'라는 말에 기분이 확 상했 다. 오드리는 딸아이를 변호해야 할 것만 같았다.

"브리트니가 집에서는 공유를 정말 잘해요. 유치원에서도 친 구들이랑 공유하라고 잘 말하겠습니다."

오드리가 유치원을 나서려고 돌아서자, 몇몇 학부모들이 서 로 수군거리는 모습이 보였다. '브리트니 얘기를 하고 있는 걸 까? 아니면 내 육아 방식에 관해 얘기하는 건가?' 오드리는 여전 히 가슴속에서 긴장감을 느끼며 수군대던 학부모들을 향해 미소 지었다. 집으로 돌아오는 길에 오드리의 마음속은 온갖 판단으로 복잡해졌다.

'브리트니한테 도대체 무슨 문제가 있는 걸까? 내가 여태 괴 물을 키워왔나?(수치심) 아니야. 브리트니가 집에서는 잘 공유하 잖아. 분명 유치원이 문제일 거야(비난). 유치원에서 이렇게 이기 적인 행동을 가르쳐놓고도 미처 깨닫지 못하는 거겠지(비판).'

집에 도착할 즈음, 오드리는 화도 나고 지쳐 있었다.

아이의 행동 때문에 혼란스럽거나 좌절감을 느끼면 아이나 당신 자신을 아이의 행동을 보며 판단하기 쉽고, 수치심, 비난, 비 판에 빠져버릴 수 있다. 다른 사람을 판단하는 것은 좋을 수도 있 고 나쁠 수도 있다. 하지만 이 장에서는 '판단judgement'이라는 용어를 아이의 행동과 당신 자신의 행동을 부정적인 시각에서 인식한다는 뜻으로 사용하겠다.

만일 오드리가 아이의 마음 이론이 걸음마 하는 시기와 유치원에 다니는 시기에 어떻게 발달하는지 더 잘 알고 있었다면, 즉 걸음마 하는 아이는 다른 사람의 관점을 이해하는 능력이 이제 막 발달하기 시작해서 공유하는 게 힘들다는 점을 알고 있었다면, 브리트니가 '이건 내 거야!'라고 외친 행동을 무작정 판단하지 않았을 것이다.

연구자들은 어린아이의 공유 성향을 발달 초기 친사회적인 행동(도와주기, 협동하기, 위로해주기)의 발달을 보여주는 창으로 여겼다. 아이가 두 돌쯤 되면, 친구나 어른이 옆에서 공유하라고 말해줄 필요가 점점 줄어들며 스스로 공유하는 행동은 더 잦아진다.[75] 흥미롭게도, 한 연구에 따르면 아이가 '내 거', '네 거'와 같이 소유 관련 언어를 더 많이 구사할수록 또래 친구들과 잘 공유하는 경향이 컸다.[76] 즉, '내 거'와 '네 거'라는 소유 개념의 이해는 아이가 공유할 줄 아는지 가늠하는 데 중요한 요소다.[77]

여기서 잠시 아동 발달 관련 지식은 접어두고, 수치심(굴욕감으로 고통스러운 감정), 비난(다른 사람 또는 어떤 것이 잘못했다는 생각), 비판(다른 사람이나 어떤 것에 대한 불만 표현)과 같은 판단의 단점과 판단이 당신과 아이의 관계에 미치는 영향을 살펴보자. 오드리가 딸을 판단하기 시작하자 딸에 대한 마음과 생각이

어두워졌고, 이는 오드리가 딸을 대하는 행동과 선생님과의 대화를 받아들이는 태도에 영향을 미쳤다.

오드리는 머릿속에서 자신의 판단이 계속 맴도는 것을 느꼈다. 집에 돌아왔을 때 기분이 매우 안 좋았고 이러한 부정적 감정은 브리트니를 대하는 행동에도 영향을 미쳤다. 브리트니가 간식으로 사과를 달라고 하자, 오드리는 이렇게 말했다.

"오늘 간식은 당근 스틱이야. 당근 스틱 말고는 아무것도 없어."

오드리는 속으로 '아이가 유치원에서 다른 아이들과 장난감을 공유하지 않았으니 아이가 원하는 대로 주지는 않을 거야'라고 생각했다.

당신도 이런 적이 있는가? 이런 일을 경험했던 때를 떠올려보자. 떠올리면서 가능한 한 솔직해지자. 스스로 작아지는 느낌이 드는가? 그렇더라도 지극히 정상이다. 판단은 마치 토네이도 같아서, 관련된 모든 사람이 강풍에 심하게 흔들리기 마련이다.

이 장에서는 MIND 체계의 세 번째 요소인 '비판단'을 살펴본다. 구체적으로, 아이의 정서적 대처법emotional approach(대인 관계와 경험에 반응하는 개인적 성향)을 관찰하고 수용하며 당신과 아이의 욕구를 파악하는 과정을 통해 아이의 행동과 당신의 육아 방식을 덜 판단하는 방법을 알아볼 것이다.

이 장에 들어가기에 앞서 1부에서 살펴본 발달 단계를 되돌아보며 비판단적인 마음 상태를 갖추자. 아이는 유치원에 들어갈 시기가 되어서야 비로소 다른 사람의 관점을 이해하기 시작한다. 그리고 초등학교 저학년이 되어서야 의식의 흐름이라는 개념을 이해하기 시작한다. 자아 인식과 자기 조절, 실행 기능과 같은 능력도 유치원과 초등학교 저학년 시기에 급격히 발달한다. 당신은 아이가 발달 단계에 맞는 전형적인 행동을 하는데도 이 행동 때문에 아이를 판단하고 있지는 않은가? 아이의 행동을 판단하기 이전에, 아이 특유의 행동으로 보이는 것이 사실 그 나이대 아이들 사이에서 매우 흔히 나타나는 행동인 경우가 많다는 점을 명심하자.

부모가 아이의 행동을 통제하기보다 아이의 발달 단계와 정서적 대처법을 존중하면, 아이에게 비판단적인 자세를 모델링할 수 있다.

아이의 사회적·정서적 대처법
관찰하기

아이가 대인 관계와 경험에 어떻게 반응하는지는 아이의 발달 단계와 다양한 내적·외적 요인에 따라 끊임없이 변한다. 아이의 정서적 대처법, 가령 아이가 경험에 반응하는 강도는 당신과 상당히 다를 수 있으며 아이가 성장함에 따라 계속 변한다는 사실을 명심하자. 예를 들어 새로운 환경에 들어서면, 당신은 편안함을 느끼는 데 반해 아이는 내성적으로 변할 수도 있다. 여기서 사회적·정서적 대처법을 강조하는 이유는 아이가 사회적·정서적으로 급격한 발달을 겪는 시기에 우리가 부모로서 아이가 사회적·정서적 대처법을 기르도록 도와 아이의 정서 지능을 향상시킬 수 있기 때문이다.

나는 교실에서 아이들에게 다른 사람의 관점을 생각하는 방법, 또래 그룹에 들어가는 방법, 자신을 조절하는 방법을 비롯한 다양한 사회적·정서적 대처법들을 의식하라고 계속 반복해서 말하곤 했다.

신경과학자 리처드 데이비드슨Richard Davidson은 다양한 사회적·정서적 대처법을 설명하며 행복은 자아 인식, 자기 조절, 적응성, 회복 탄력성에서 비롯된다는 점을 강조했다.[78] 그는 계속 변화하는 상황에서 우리의 말과 행동에 비판단적으로 주의를 기울이라고 강조했다. 나는 4세부터 6세에 이르는 내 학생들에게 이 기술들을 열심히 강조했다. 이 시기의 아이들은 이제 막 자신의 정서적 대처법을 의식하기 시작했으므로 자기 생각, 감정, 행동에 관한 생각을 시작하기에 딱 알맞은 시기이기 때문이다.

앞서 2장에서는 새리가 딸아이 킴에게 반 친구들의 몸짓언어를 읽는 법을 알려줬던 일화를 소개했었다. 나는 당시 새리에게서 배웠던 교훈을 생생히 기억한다. 새리는 내게 아이의 발달 단계를 명시적으로 알려줌으로써 아이의 사회적·정서적 기술을 향상시킬 수 있다고 알려줬었다. 그래서 나는 내 학생들에게 데이비드슨의 이론을 설명해주고 교실에서 모두가 건강하고 행복하려면 우리의 사회적·정서적 대처법을 어떻게 개선해야 할지 물어보았다. 나는 '의식한다'라는 것에 중점을 두어 가르쳤다. 왜냐하면, 뭔가를 의식하라는 말은 부모들이 아이에게 흔히 하는 말인 '뭔가에 주의 집중하라'는 말과 아주 가까운 뜻이기 때문이다.

아이에게 그들의 발달 단계에 관해 알려줄 때, 특히 아이가 어떻게 자신의 사회적·정서적 발달을 관찰하고 향상시킬 수 있을지 말해줄 때, 관련 예시를 제시해서 아이의 이해를 돕고 스스로 그 기술을 향상시킬 수 있는 방법을 생각해보도록 하자. 이때, 아이의 사회적·정서적 기술을 판단하지 않도록 주의하고, 질문을 통해 아이가 자신의 기술을 개선하도록 도와주자.

다음은 나와 학생들이 정서적 대처법과 행복에 관해 나눴던 대화 중 일부다. 이 대화는 일주일에 걸쳐 진행되었으며, 다섯 가지 정서적 대처법을 다뤘다.

나: 우리 교실은 우리가 안전하고 행복하다고 느끼는 곳이어야 해. 뇌를 연구하는 과학자들은 우리가 잠시 멈춰 우리 자신이 어떻게 행동하고 어떤 감정을 느끼는지, 또 다른 사람에게 어떻게 말하고 행동하는지 생각하면, 우리 모두 안전하고 행복할 수 있다고 생각한단다. 우리는 스스로 이렇게 질문할 수 있어. "내가 지금 하는 말이나 행동이 친절한가?", "내가 이렇게 하면 내 기분이 어떨까?", "내가 이렇게 하면 다른 사람은 어떤 기분이 들까?" 우리의 생각과 감정, 그리고 이 생각과 감정이 어떤 행동을 불러일으키는지 의식하는 것,

즉 이런 것들에 주의를 집중하는 것은 매우 중요하단다. 언젠가는 이런 것들을 더 잘 의식하게 될 거야. 지금 잘 의식하지 못한다고 해서 자신한테 너무 화내지 말고 계속해서 자기 행동에 주의를 집중하려고 최선을 다해보자.

① 사람들이 무엇을 하고 있는지 의식하자

나: 너희가 어떤 친구와 같이 놀기 전에 그 친구의 공간에 불쑥 들어간다면 그 친구가 어떤 감정을 느낄지 생각해보자. 예를 들어, 톰이 혼자 장난감 트럭을 가지고 노는 체스터와 같이 놀고 싶다면, 톰은 잠시 멈춰 체스터가 어떻게 놀고 있는지와 과연 체스터가 같이 놀 친구를 원할지 생각해봐야 해. 이렇게 잠시 멈추고 생각하는 게 왜 중요할까?

아말리: 친구가 화나지 않게 해야 하니까요. 체스터는 자기 혼자 뭔가 하느라 바쁠 수도 있어요. 사람들이 혼자서 뭔가 할 때는 다른 사람이랑 같이하는 걸 원하지 않아요. 그래서 먼저 물어봐야 해요.

나: 그래. 친구가 어떻게 놀기를 원하는지 생각해보고 네가 같이 놀아도 될지 물어보는 것이 좋겠구나.

② 일이 맘대로 되지 않을 때 자신이 어떻게 행동하는지 의식하자

나: 어떤 문제에 부딪혔을 때, 그 문제를 스스로 해결하려고 노력하고 그 과정에서 배우려고 하는 편인지, 아니면 화를 내면서 스스로

능력이 없다고 비난하는 편인지 생각해보자. 예를 들어, 베니는 종이를 반으로 자르려고 세 번을 시도했어. 그리고 종이를 반으로 자르는 방법을 알게 되자, 세 번을 더 연습했어. 베니는 인내심을 가지고 계속 노력했던 거야. 이렇게 하는 게 왜 중요할까?

캘빈: 왜냐하면 베니는 그 방법을 배우길 원했으니까요. 잊어버릴 수도 있으니까 연습이 필요해요.

나: 만일 계속 노력했는데도 못 하면 어떨까? 선생님도 가끔 이럴 때가 있는데, 그러면 정말 화가 나.

캘빈: 저도요. 저도 정말 화가 나요. 그럴 땐 다시 하고 싶지 않아요. 그래서 전 도움을 요청해요.

나: 캘빈, 넌 매우 잘 의식하고 있구나. 네가 어떻게 행동하는지 잘 의식하면, 네가 원할 때 네 행동을 바꿀 수 있단다.

③ 자기 몸이 보내는 신호를 의식하자

나: 너희 몸의 감각이 어떤 감정이나 기분과 연결될 때를 잘 의식해 봐. 내 친구 조슈아는 전교생 앞에서 노래를 불러야 했던 적이 있어. 조슈아는 무대에 올랐을 때 너무 긴장해서 가슴이 꽉 조이는 듯한 느낌이 들었대. 우리 몸이 보내는 신호를 의식하는 게 왜 중요할까?

에디: 몸의 신호를 의식하면, 뭘 어떻게 해야 할지 알 수 있어요.

나: 에디, 너는 뭘 어떻게 해야 할지 어떻게 아니?

에디: 제가 무서움을 느낄 때는 심장 박동이 빨라져요. 이렇게요(왼

손으로 주먹을 쥐고 가슴을 두드린다). 아주 조용히 하면, 심장 박동을 느낄 수 있어요. (집게손가락을 들어 입술에 갖다 대며) 쉿!

나: 무언가를 하기 전에 조용히 한 다음, 네 몸이 보내는 신호에 주의를 기울인다니 참 좋은 방법이구나.

④ 몸짓언어를 의식하고, 우리가 말을 사용하지 않고 보내는 메시지에 주의를 기울이자

나: 사람들은 말을 하지 않고도 표정, 손짓, 몸짓을 사용해 많은 것을 말할 수 있단다. 예를 들어, 러셀은 치과의사 선생님이 무서웠지만 자기가 무서워한다는 사실을 선생님이 모르길 바랐어. 선생님이 기분이 어떤지 물었을 때 러셀은 말로는 괜찮다고 했지만, 선생님을 쳐다보지도 못했지. 그러고는 주먹을 꽉 쥐었어. 몸짓언어를 의식하는 게 왜 중요할까?

아미어: 러셀은 그 치과의사 선생님을 좋아하지 않았어요. 선생님을 무서워했지만, 선생님한테 그 사실을 말하고 싶지 않았어요.

나: 내 생각엔 그 치과의사 선생님이 러셀의 몸짓언어를 잘 읽어서 조심스럽게 치료했을 것 같구나.

⑤ 자기 기분이 계속 어떻게 변하는지 의식하자

나: 너희 기분이 바뀔 때를 의식하고 기분이 너희 행동을 통제하는지 살펴보자. 몰리는 엄마가 자기 팬케이크 위에 시럽 대신 잼을 발

라서 화가 났어. 하지만 엄마가 그 위에 신선한 블루베리를 올려줘서 행복해졌단다. 몰리의 기분이 '화남'에서 '행복'으로 바뀐 거지. 자기 기분을 의식하는 게 왜 중요할까?

안토니: 몰리는 엄마에게 소리 지르지 않았어요. 만약 그랬다면, 안 좋았을 거예요.

나: 그러면 우리가 단지 우리 기분 때문에 다른 사람을 슬프게 하는 말이나 행동을 할 수도 있을까?

안토니: 네, 그런데 몰리 기분은 행복으로 바뀌었어요.

우리 반 아이들은 일주일 동안 사회적·정서적 대처법들을 탐색한 후, 자신들의 대처법을 계속 의식하기 위해, 다른 말로 표현하면 대처법에 계속 집중하기 위해, 이를 상기시켜주는 포스터를 만들어 교실 벽에 붙였다. 아이들은 각 대처법을 글과 간단한 그림 기호로 표현했다. 아이가 아직 글을 읽지 못한다면 글 대신 그림으로 정서적 대처법을 표현하도록 할 수 있다.

아이와 함께 위 예시와 비슷한 대화를 나눠보자. 아이에게 자신의 정서적 대처법이 자기 생각과 행동에 영향을 미친다는 사실을 알려주자. 가정에서도 아이에게 다섯 가지 감정적 대처법을 계속 상기시키기 위해 집안에 포스터를 붙일 수 있다. 아이가 직접 그리거나 쓰도록 하고, 이 다섯 가지 대처법을 기억하는 데 도움이 될 만한 간단한 그림 기호를 그려보게 하자. 이와 더불어,

다음 사항을 명심하자.

- 정서적 대처법은 옳고 그른 것이 따로 없다. 다만, 우리의 생각과 감정이 우리의 말과 행동에 영향을 미친다는 점을 강조하자.
- 정서적 대처법을 의식한다는 것이 이를 판단한다는 것을 의미하진 않는다. 아이가 자신이나 다른 사람의 정서적 대처법을 판단하지 않도록 하자. 대신, 다른 사람이 왜 그러한 감정적 대처법을 선택했을지 호기심을 가지도록 하자.
- 우리 행동에 주의를 기울이면 우리의 습관을 깨달을 수 있다. 예를 들어, 아이가 자기 행동에 주의를 기울이게 함으로써 최근 들어 어떤 친구와 놀 때 자꾸 화가 나고 눈물이 난다는 것을 의식하도록 도와줄 수 있다. 이런 경우, 아이에게 친구들과 놀 때 다양한 감정을 느끼는 건 자연스러운 현상이라고 말해주고 같이 놀 친구를 선택할 수도 있다는 점을 알려주자.

위 세 가지 사항을 명심하면, 아이에게 누구나 나름의 정서적 대처법이 있다는 사실을 가르치는 데 도움이 될 것이다. 일단 아이가 사람마다 경험에 대한 반응, 즉 정서적 대처법이 다르며, 사람들의 반응은 예측 불가능하다는 점을 이해하고 나면, 아이와 비판단에 관해 이야기하도록 하자.

다섯 가지 감정적 대처법

아이와 포스터를 만들어보기

 사람들이 무엇을 하고 있는지 의식하자.

 일이 맘대로 되지 않을 때 자기가 어떻게 행동하는지 의식하자.

 내 몸이 보내는 신호를 의식하자.

 몸짓언어를 의식하고 우리가 말을 사용하지 않고 보내는 메시지에 주의를 기울이자.

 내 기분이 계속 어떻게 변하는지 의식하자.

아이에게 비판단적인 자세
가르치기

우리는 앞서 판단이 부모와 아이의 관계에 안 좋은 영향을 미친다는 점을 살펴보았다. 다음으로 아이에게 비판단 자세를 가르치는 것을 생각해보자. 우리는 2장에서 아이의 언어 발달 과정 및 감정 어휘를 효과적으로 발달시키는 방법을 알아보았다. 이 내용을 바탕으로 언어적, 비언어적 의사소통에서 판단하지 않는 자세를 길러주는 방법을 알아보자.

아이에게 비판단 자세를 가르치기 위해 게임, 스토리텔링, 인형극을 활용하면, 판단하는 말이 미치는 안 좋은 영향을 아이가 직접 볼 수 있어 도움이 된다. 아이에게 무조건 판단하는 말을 주고받는 대화를 상상해보라고 하기보다 부모가 인형극이나 스토리텔링을 통해 이러한 대화를 보여주면, 다른 사람의 시각에서 세상을 바라보는 맥락을 제공할 수 있다. 우리는 4장에서 인형극이 한 사람의 행동이 다른 사람들에게 어떠한 영향을 미치는지 효과적으로 보여줄 수 있는 방법임을 살펴보았다. 인형극 이외에, 아이가 친구끼리 서로 판단하는 말을 해서 생긴 갈등을 해결해야 하는 상황을 다루는 이야기를 만들어 비판단 자세를 가르칠 수도 있다. 이때, 아이의 관심을 유지하기 위해 이야기의 처음, 중간, 끝을 보여주는 그림을 간단히 그려서 사용하면 좋다. 다음은 비판단 자세를 가르칠 때 활용할 수 있는 이야기의 예시다.

부모: 쇼비와 듀크는 같이 노는 걸 좋아했어. 그런데 어느 날 쇼비가 듀크한테 몹시 화가 난 거야. 둘이 같이 장난감 자동차를 가지고 놀고 있었는데 듀크가 자기 차가 가장 빠르다고 말했거든. 그래서 쇼비가 "듀크, 넌 못됐어! 내 경주차가 느리다고 말하지 마. 내 차도 빨라. 듀크 넌 나쁜 사람이야!"라고 소리 질렀어. 그러자 듀크도 쇼비에게 "난 좋은 사람이야!"라고 소리 질렀지. 쇼비와 듀크는 이제 더이상 친구가 아니야. 둘이 다시 친구가 되도록 우리가 도와줄 수 있을까?
(여기서 잠깐 멈춰 아이가 이야기에 나오는 인물들의 감정과 행동을 파악하도록 몇 가지 질문을 던지자. 그리고 아이의 대답을 경청하자. 아이

　　　　　　　　　　　　　　　　　　　2부 MIND 체계

의 대답을 통해 아이의 갈등 해결 능력이 어떠한지, 그리고 아이가 대인관계를 어떻게 생각하는지 파악할 수 있다. 이러한 스토리텔링 활동의 목표는 아이가 판단하는 말을 인지하고 이것이 관계에 어떤 식으로 부정적인 영향을 끼치는지 생각해보도록 하는 데 있다.)

부모: 듀크가 쇼비의 자동차가 느리다고 말했을 때, 쇼비는 무척 슬펐어. 너도 쇼비가 슬펐을 것 같니? 쇼비가 슬펐을 때, 듀크한테 뭐라고 말했니?

(아이가 어떻게 대답할지 몰라 머뭇거리면, 몇 가지 예시 답안을 제시해주자. 아이가 대답한 내용을 요약해준 후, 계속 질문하자.)

부모: 듀크가 쇼비의 자동차가 느리다고 말했을 때, 쇼비는 슬프고 화가 나서 듀크한테 못됐다고 말했어. 이렇게 말해서 문제가 해결됐니? 쇼비가 듀크더러 나쁜 사람이라고 했을 때, 듀크는 어떻게 반응했니?

(아이의 대답을 요약해주고, 더 많은 질문을 함으로써 아이가 이야기를 더 깊게 이해하도록 하자. 그리고 불친절한 말과 행동이 대인 관계에 어떤 영향을 끼치는지 생각해보도록 하자. 질문하고 대답하는 활동을 통해 아이는 판단하는 말이 끼치는 악영향을 이해할 수 있다.)

부모: 네가 친구한테 화가 났다고 해서 불친절하게 말하면, 그 친구도 화나게 할 뿐이란다. 쇼비는 듀크에게 뭘 말하고 싶은 걸까? 쇼비가 듀크에게 "네가 내 차가 느리다고 말하면, 난 슬퍼져. 나도 내 차가 빠르면 좋겠거든"이라고 자신의 감정과 원하는 것을 말한다

면, 문제 해결에 도움이 될 거야.

대화 후에는 아이에게 가상으로 쇼비와 듀크가 되어보자고 제안할 수도 있다. 이때, 아이가 하고 싶은 인물을 고르게 하자. 가상 놀이를 하면, 아이는 실제가 아니라 놀이임을 알기에 상황을 쉽게 통제할 수 있으며 감정 어휘와 정서적 대처법을 발달시킬 수 있다. 가상 놀이 시, 아이가 무슨 말을 하는지 주의 깊게 들어보자. 아이가 하는 말을 통해, 판단하는 말이 대인 관계에 부정적인 영향을 미친다는 사실을 아이가 제대로 이해하는지 알 수 있다.

지금까지 판단하는 말이 대인 관계에 안 좋은 영향을 미친다는 사실을 살펴보았다. 다음으로 판단을 줄이는 또 다른 접근법, 즉 행동을 일으키는 욕구를 파악하는 방법에 관해 알아보자.

판단을 줄이기 위해
아이의 욕구 파악하기

아이가 옷을 안 입겠다고 떼쓰고 아이의 행동 하나하나 때문에 좌절감이 드는 날에는 '이거 참 흥미로운 정서적 대처법이네. 아이가 원하는 게 뭔지 궁금한걸?'이라고 생각해보자. 이 장에서 앞서 언급했듯이, 부모가 아이의 행동 때문에 혼란스럽거나 좌절감을 느끼면 아이를 판단하기 쉽다. 아이를 판단하지 않으려면 아이가 원하는 게 뭔지 파악해야 하며 자신이 원하는 게 뭔지 표현하도록 도와줘야 한다.

　아이의 행동 때문에 좌절했을 때 부모가 아이에게 반응하는 방식은 아이가 비슷한 상황을 겪을 때 다른 사람에게 반응하는 방식에 그대로 영향을 미친다. 아이가 "아니야! 네가 틀렸어. 그건 사실이 아니야"라고 말하는 친구와 강한 의견 충돌을 겪는다면 아이에게 그 상황에서 친구가 원하는 게 무엇일지 생각해보게 하자. 즉, 아이가 친구의 행동 때문에 좌절했을 때, '친구가 어떤 감정을 느끼고 무엇을 원하는지 궁금한걸?'이라고 스스로 질문하게 하자. 아이가 이렇게 생각하는 능력을 기르려면, 시간은 물론 당신을 비롯한 신뢰할 수 있는 어른들의 지도가 필요하다.

4장에서 살펴보았듯이, 개인의 정서적 대처법은 미시체계(가족, 친구)와 거시체계(사회, 문화), 수많은 인플루언서의 영향을 받아 달라진다. 하지만 우리는 누구나 생존, 소속감, 자유, 재미와 같은 동일한 기본 욕구가 있다.[79] 다른 사람의 행동이 그들의 욕구에서 비롯된다는 점을 인식하면 판단을 줄일 수 있다. 그리고 우리가 우리의 생각, 감정, 행동에 친절함, 호기심, 비판단의 자세로 반응하면, 조화로운 관계를 형성할 수 있다. 아이가 원하는 것, 즉 아이의 욕구에 관해 아이와 이야기하기 전에 아이와 당신의 욕구를 파악해야 한다. 3장에 등장했던 다섯 살 난 에드워드의 이야기를 살펴보자.

에드워드의 부모는 에드워드가 동생, 엘레니와 있을 때 자꾸 자기 통제력을 잃어서 고민이다. 요즘엔 엘레니가 하는 모든 행동이 사사건건 에드워드를 화나게 하는 것 같다. 에드워드는 엘레니가 자기 장난감에 손만 갖다 대도 "만지지 마!"라고 소리치고, 엘레니가 자기 방으로 한 발짝이라도 들어오면 "나가!"라고 소리 지른다. 최근에는 엄마, 아빠에게 아이가 없고 강아지 두 마리하고만 사는 피오나 이모 집에 가서 살고 싶다고까지 말했다.

내가 에드워드의 부모를 만났을 때, 그들은 갑자기 변해버린 에드워드의 행동 때문에 걱정이 이만저만이 아니었다. 에드워드는 원래 아주 구체적인 계획을 짜서 동생과 물건이나 장난감을 공유하던 아이였다. 에드워드는 동생에게 이렇게 말하곤 했었다.

"엘레니, 이 장난감을 3분 동안 가지고 놀아. 그다음은 내 차례야. 나도 3분 동안 가지고 놀다가 다시 너한테 줄게. 알았지?"

그럼 엘레니는 고개를 끄덕이며 오빠가 하자는 건 뭐든지 기꺼이 했다.

"에드워드가 왜 갑자기 예전과 다르게 행동하는지 이해가 안 돼요." 에드워드의 아빠가 말했다.

"이제는 동생한테 너무 못되게 굴어요. 동생이 하는 모든 행동에 화를 내고요." 에드워드의 엄마가 말을 이었다. "솔직히 에드워드가 정말 원한다면, 제 동생 집에 에드워드를 보내고 싶은 심정이에요. 에드워드의 감정 폭발과 변덕에 너무 지쳤어요. 에드워드 때문에 가족 모두 항상 안절부절못해요."

나는 에드워드 부모의 이야기를 들으면서 그들이 에드워드가 동생을 대하는 정서적 대처법을 판단하고 있음을 알 수 있었다. 그 판단이 아이에게 느끼는 감정은 물론 아이와의 관계에까지 나쁜 영향을 끼치고 있었다. 나는 에드워드의 부모와 함께 그들의 감정을 찬찬히 들여다보았다. 이 과정을 통해 그들은 "이제는 동생한테 너무 못되게 굴어요"라든지, "에드워드 때문에 가족 모두 항상 안절부절못해요"와 같은 자신들의 말에 판단과 분노가 깔려 있음을 인식할 수 있었다. 에드워드의 부모는 자신들이 아이를 판단하고 있었다는 사실에 몸서리를 치며 부끄러워했다. 그래서 나는 많은 부모가 아이의 행동 때문에 혼란스럽거나 좌절감을 느끼면, 아이를 판단해버린다고 말해주었다. 에드워드의 부모가 에드워드를 판단하지 않고 동정심을 가지고 바라보기 시작하자, 판단은 아이와의 관계에 안 좋은 영향을 끼칠 뿐이며 이 상황에서 필요한 것은 판단이 아니라 동정심임을 깨닫게 되었다. 그들은 에드워드가 자신이 대접받고자 하는 대로 동생이나 다른 사람을 대해야 함을 깨닫길 바랐다.

다음으로, 우리는 나이와 발달 단계에 따른 아이의 행동에 관해 이야기했다. 에드워드는 다섯 살이기 때문에 발달 단계상 부모에게 자신의 감정을 숨길 수 있으며, '이모 집에 가서 살고 싶다'고 말하는 것과 같이 자기 생각에 부모를 화나게 하는 행동을 일부러 할 수도 있다. 에드워드의 부모가 5세 아이들이 발달 단계상 흔히 보이는 행동을 이해하게 되자, 에드워드를 동정심으로 대하고 덜 판단하게 되었다. 아울러 그들은 에드워드가 자신의 정서적 대처법을 통해 엄마, 아빠에게 뭔가 하고 싶은 말이 있음을 이해하고 받아들이게 되었다. 그래서 '에드워드가 도대체 왜 동생에게 그렇게 못되게 굴까?'라고 궁금해하는 대신 '에드워드가 원하는 게 뭔지 궁금해. 내가 아이를 어떻게 도와줄 수 있을까?'라고 자문하기 시작했다.

내가 에드워드의 부모에게 에드워드의 행동 이면에 어떤 욕구가 숨어 있다고 생각하는지 물었을 때, 그들은 곰곰 생각하더니 에드워드가 자유, 다시 말해 동생과 매번 공유할 필요 없이 혼자 지내는 시간을 원한다고 결론 내렸다. 그들은 더 어리고 변덕이 심한 엘레니를 진정시키기 위해, 그동안 에드워드가 뭘 원하는지는 고려하지 않은 채 에드워드에게 무조건 동생의 요구를 들어주라고 자주 말해왔었다. 그런데 에드워드의 아빠, 프랭크가 아이의 욕구, 즉 아이가 원하는 것을 파악해서 문제를 해결하자는 접근법에 갑자기 제동을 걸며 이렇게 말했다.

"우리 가족은 저마다 다 나름의 욕구가 있어요. 에드워드가 뭔가 원하는 게 있다고 해서 이런 식으로 행동하게 놔둘 순 없습니다."

나는 프랭크의 솔직함에 감사를 표했다. 하지만 부모의 욕구를 파악하기 이전에 에드워드의 욕구를 먼저 파악해야 한다고도 설명했다. 프랭크는 다섯 살짜리 어린 아들의 욕구를 어떻게 파악해야 할지 난감해했다.

"정말 어려울 것 같은데요." 그가 말했다.

이 역시 매우 훌륭한 지적이었다! 이를 어려워하는 부모들을 위해 아이를 판단하지 않고 아이의 욕구를 파악하는 3단계를 제시한다.

1단계: 우선, 마음챙김을 한 후 인내심으로 대처하자(6장 참조). 당신이 감정적으로 격앙되어 있거나 육체적으로 힘들 때 아이의 욕구를 파악하기는 쉽지 않다. 당신이 느끼는 감정이 판단으로 이어지기 때문이다.

2단계: 아이의 행동을 관찰하고 아이의 나이와 발달 단계를 고려하며 아이의 행동에 관해 질문하자.

3단계: 비판단적인 자세로 '내 아이가 원하는 게 뭐지?'라고 자문하자. 다음 페이지의 표는 아이들이 흔히 자기 욕구를 어떻게 표현하는지 보여준다. 하지만 아이의 욕구 중 겉으로 드러나지 않는 것도 있다는 점을 명심하자. 당신 자신을 아이의 행동 이면에 숨겨진 욕구를 찾아내는 탐정이라고 생각하자.

일단 아이가 원하는 게 뭔지 파악하고 나면, 아이 행동에 대한 당신의 반응은 당신의 양육 방식, 가족 문화, 가치관에 따라 달라질 것이다. 아이는 누구나 부모에게 인정받고 보호받길 원하는데, 당신이 아이의 욕구에 애정을 가지고 따뜻하게 반응할 때 비로소 아이가 이렇게 느낄 수 있다.

아이가 자기 욕구를 표현하는 일반적인 방법

욕구	해당 욕구가 충족되었는지 확인하는 질문	욕구가 충족되지 않았을 때 아이가 흔히 보이는 행동
신체적 욕구	· 아이의 신체적 욕구가 충족되고 있는가? · 배고픈가? · 목마른가? · 피곤한가? · 추운가?	식사 시간이나 간식 시간 혹은 취침 시간이나 낮잠 시간이 다가올 때 익숙한 사람들과 익숙한 장소에서 일상생활을 하다가 갑자기 감정이 폭발함
능력	· 아이가 스스로 유능하다고 생각하는가? · 아이가 자기효능감을 느끼는가? · 아이가 자기의 생각을 소통하려고 노력하는가?	· '싫어'라고 말함 · 경청하지 않음 · 반대로 행동함 · 화를 내며 뭔가를 하지 않겠다고 말함 · 다른 사람이나 뭔가를 해치고 싶다고 말함
소속감	· 아이가 다른 사람과 소통한다고 느끼고 있는가? · 아이가 인정받는다고 느끼고 있는가? · 아이와 다른 사람 사이에서 공유와 교류가 이뤄지고 있는가?	· 친구를 사귀고 싶어함(다른 아이 근처를 계속 맴돌거나 그 아이의 행동을 따라 함) · 친구에게 거절당했을 때 감정이 폭발함 · 등원하여 부모님과 헤어질 때 울며 괴로워함

욕구	해당 욕구가 충족되었는지 확인하는 질문	욕구가 충족되지 않았을 때 아이가 흔히 보이는 행동
재미	· 즐겁게 웃는가? · 생기가 넘치는가? · 아이가 새로운 발견을 하는가? · 아이가 자발적으로 나설 때가 있 는가?	· 후각, 촉각, 미각, 시각, 청각 등 오감을 사용해 주변을 탐색함 · 일부러 더럽히거나 물건을 부숨
자유	· 아이가 독립을 경험할 기회가 있 는가? · 아이에게 선택권이 있는가? · 아이에게 아무것도 하지 않고 그 냥 있을 수 있는 시간이 있는가?	· 고의로 도망감 · '싫어'라고 말함 · 경청하지 않음 · 다른 사람을 배척함 · 물건을 쌓아놓거나 숨김

에드워드의 부모는 에드워드가 원하는 게 뭔지 파악한 후에 아빠와 에드워드 단둘이 대화하는 자리를 가져보기로 의견을 모았다. 그들은 에드워드가 동생과 잠시 떨어져 지내길 원한다는 사실을 엄마, 아빠가 인지하고 있으며, 그렇지만 에드워드가 자기 욕구를 전달하는 방식은 잘못됐음을 알려주고 싶었다. 어느 주말, 프랭크는 에드워드와 같이 농구를 하다가 잠시 쉬면서 함께 앉아 대화했다. 프랭크는 먼저 에드워드에게 최근에 있었던 일들을 요약해서 말해줬다. 이때 직접 관찰한 내용만을 말함으로써 판단을 피하려고 노력했다.

"에드워드, 지난주에 네가 엘레니한테 네 방에서 나가라고 큰소리로 말하더구나. 그런 다음 피오나 이모 집에 가서 살고 싶다고 했지. 이 일들에 관해 대화 좀 해볼까? 그때 네 기분은 어땠고 네가 원하는 건 뭐였니?"

에드워드는 자신의 욕구를 어떻게 표현해야 할지 몰랐다. 이는 다섯 살 아이에게 충분히 있을 수 있는 일이다. 부모가 비판단적인 자세로 아이의 감정과 행동에 관해 물어보면 대부분의 아이는 잘 대답한다. 이러한 비판단적인 자세를 통해 아이의 행동과 욕구를 지지한다는 것을 보여줄 수 있으며, 다른 사람을 어떻게 대해야 하는지도 아이에게 모델링할 수 있다.

에드워드의 어휘력이 아빠의 질문에 대답할 수 있을 만큼 충분히 발달하지 않았기 때문에, 프랭크는 에드워드에게 예시를 제시해줬다.

"그때 화가 났거나 피곤했니? 아니면 다른 기분이 들었니?"

아빠의 질문에 에드워드는 이렇게 대답했다.

"화가 났어요. 엘레니랑 공유하기 싫었거든요. 엘레니는 내 물건을 자꾸 망가뜨려요. 그런데 새것을 얻으려면 내 생일까지 기다려야 하잖아요."

프랭크는 에드워드의 말을 주의 깊게 들었다. 에드워드는 부모가 예상했던 대로 독립적인 시간을 원했을 뿐 아니라, 무력감까지 느끼고 있었다.

"망가질 걱정 없이 장난감을 가지고 놀고 싶어서 피오나 이모 집에 가고 싶었던 거야?" 프랭크가 묻자, 에드워드가 고개를 끄덕였다.

"네 감정과 네가 원하는 것을 말해줘서 참 고맙구나. 엘레니가 망가뜨려도 상관없는 장난감을 좀 찾아보자꾸나." 아빠의 말에 에드워드가 다시 고개를 끄덕였다. 프랭크는 계속 말을 이었다. "그런데 소리 지르고 문을 쾅 닫아버리는 행동에 관해서는 어떻게 생각하니? 우리 집에서는 누구도 문을 쾅 닫지 않아. 그렇게 하면 위험하고 문이 부서질 수도 있거든. 다음에 화가 나면 어떻게 할 거니?"

"문을 살살 닫을게요, 아빠."

"고맙구나. 자, 계속 농구를 해볼까?" 프랭크는 활짝 웃으며 말했다.

프랭크는 정말 오래간만에 아들과 편안하게 대화를 나눴다고 내게 귀띔해주었다.

"아이를 판단하지 않고 대화하니까 느낌이 새로웠어요. 전 전혀 화가 나지 않았어요. 오히려 마음이 정말 차분했어요."

프랭크는 그동안 판단이 아들을 향한 자신의 부정적 감정을 고조시켰다는 사실과 비판단적인 자세를 통해 아들과 더 깊게 소통할 수 있음을 깨달았다.

항상 비판단적 자세를 유지하기가 쉽지는 않지만, 이것이 '게임 체인저game changer'인 것은 분명하다. 사실, 부모로서 가장 어려운 일 중 하나는 아이의 안전과 행복에 필요한 것이 무엇인지 파악하는 것이다. 아이가 필요한 것이 매일매일, 때로는 시시각각 변하기 때문이다.

이 장에서는 판단, 즉 수치심, 비난, 비판을 피하기 위해 아이의 욕구를 파악하는 방법을 알아보았다. 이 과정에서 중요한 부분은 아이의 정서적 대처법에 관해 아이와 함께 이야기하고 정서적 대처법에 주의를 기울이는 방법을 알려주는 것이다. 비판단적인 자세로 아이를 관찰하고 아이와 상호작용하는 방법을 알아보았으니, 이제 다음 장에서 MIND 체계의 마지막 단계, 즉 아이 행동에 어떻게 대응할지 결정decide하는 D 단계를 살펴보자.

8 장

아이의 행동에
어떻게 대응할지 결정하자

"쩌거? 이거? 어?!"

타이라는 엄마와 함께 공원에 갔다가 집으로 돌아오는 길에 유모차 안에서 속사포처럼 쉴 새 없이 재잘거렸다. 타이라의 엄마, 클로디아는 15개월 된 딸아이의 호기심이 왕성해서 좋긴 했지만, 때로는 지치고 감당하기 힘들다는 생각이 들었다. 타이라의 호기심에 일일이 대응해주다 보면, 어떨 땐 자기 자신에게 집중할 짬이 전혀 나지 않았다.

클로디아는 저녁 찬거리를 좀 사러 슈퍼마켓에 들렀다. 잠깐 들러 필요한 것만 얼른 사서 나올 계획이었지만, 뜻대로 되지 않았다. 타이라가 슈퍼마켓에 들어서자마자 눈앞에 보이는 온갖 것의 이름을 묻기 시작했기 때문이다. 타이라의 호기심은 왕성한 정도를 넘어 지나친 편이었다.

"이거?" 타이라가 냉동 완두콩이 든 팩을 가리키며 물었다.

"완두콩이야, 타이라." 녹초가 된 클로디아가 대답했다.

시리얼 코너에 들어서자, 타이라의 호기심은 폭발했다. 타이라는 모든 시리얼의 이름을 알고 싶어 했다. 유난히 알록달록한 시리얼 상자가 타이라의 시선을 사로잡았다. 타이라는 유모차에서 손을 뻗어 그 상자를 움켜잡았고, 큰 상자를 손에 쥐고는 신이 나서 어쩔 줄을 몰랐다. 타이라가 상자를 흔들기 시작하자, 바스락바스락 소리가 났다. 타이라는 그게 재미있었는지 몇 번이고 상자를 흔들어대며 소리를 냈다.

"이거, 이거!" 타이라가 킥킥 웃으며 외쳤다.

클로디아는 함께 웃어주지 않았다. 그러고는 타이라에게서 시리얼 상자를 홱 낚아채 다시 선반 위에 두었다. 마치 폭풍 전야처럼 잠시 침묵이 흐른 뒤, 타이라가 갑자기 울부짖기 시작했다.

"마, 마!"

"시리얼 상자를 그렇게 흔들면 안 돼. 이건 악기가 아니야."

타이라는 엄마 말에 아랑곳하지 않고 계속 울었다. 유모차 안에서 팔다리를 휘저으며 점점 더 큰 소리로 울부짖었다.

"마, 마!" 타이라가 상자를 가리키며 말했다. "이거, 이거!"

주변 사람들이 타이라를 쳐다보기 시작했다. 클로디아는 딸의 갑작스러운 감정 폭발에 얼굴이 화끈거리고 수치스러움이 밀려왔다. 그녀는 더 이상 사람들의 관심을 끌고 싶지 않아서 서둘러 계산대로 향했다. 그러면서 속으로 자기 행동을 정당화했다.

'타이라는 이게 잘못된 행동이라는 걸 알아야 해. 타이라가 슈퍼마켓에서 물건을 흔들거나 부수도록 놔둘 순 없어. 아이 행동에 경계를 정해줘야 해.'

클로디아는 계산대로 걸어가면서 문득 최근에 육아 워크숍에서 알게 된 MIND 체계를 떠올렸다. 그녀는 워크숍에서 배운 대로 먼저 '마음챙김'을 하려고 노력했다. 잠시 멈춰서 심호흡을 하고 지금 자신이 무엇을 할 수 있는지 머릿속으로 '질문'했다. 클로디아는 자신이 타이라를 판단하지는 않았지만, 자기 자신을 판단하고 있었음을 깨닫자 타이라에게 소리친 자신이 부끄러웠다. 그녀는 기분이 좀 나아질 때까지 인내심을 가지고 대처해야 했다. 타이라의 행동뿐 아니라 자기 행동에도 어떻게 대응할지 '결정'하려면 시간이 필요했다.

아이의 행동에 좌절감을 느낄 때 어떻게 대응할지 결정하기는 쉽지 않다. 부모는 아이 행동에 시의적절하고 명확하게 대응해야 한다. 어떻게 대응할지 결정한다는 것은 어떻게 대응할지 미리 생각하는 것은 물론, 생각한 대응을 의도적으로 행동에 옮기는 것까지 포함한다. 시의적절하게 대응한다는 것은 아이의 미래 행동을 변화시키기 위해 아이의 최근 행동에 대응할 가장 적절한 시기를 미리 생각해본다는 것을 의미한다. 일단 적절한 대응 시기를 정하면, 아이 행동을 변화시킬 수 있도록 아이가 이해하고 공감할 수 있는 말을 신중하게 골라 명확하게 대응해야 한다. 어떻게 대응할지 결정을 내리기 위해서는 아이의 말과 행동에 대응하기 전에 잠시 멈춰서 아이의 발달 단계와 정서적 대처법을 고려해야 한다. 이런 과정을 거쳐 대응하면 아이는 앞으로 어떻게, 왜 그렇게 행동해야 하는지 이해할 수 있다. 이 장에서는 아이 행동에 어떻게 대응할지 결정하는 단계에 특히 초점을 맞춰, MIND 체계를 실제로 실행하는 과정을 살펴보겠다.

아이에게 언제 대응하는 것이
가장 좋을까?

아이의 말과 행동에 시의적절하게 대응하려면 마음챙김부터 한 다음 아이를 주의 깊게 관찰해야 한다. 또 '지금이 대응하기에 적절한 때인가? 아니면 좀 더 기다려야 할까?'라고 당신 스스로 질문해야 한다. 아이의 정서 지능은 아이가 편안함을 느끼고 주의를 집중할 수 있을 때 비로소 발달시킬 수 있다. 최적의 대응 시기를 파악하려면, 아이의 감정 폭발 전, 중, 후로 시기를 나누어 생각하는 것이 도움이 된다.

사전 대응: 아이의 감정 폭발을 막기 위해 사전에 문제 해결하기

사전 대응은 한 활동에서 다른 활동으로 전환되기 직전에 하는 것이 가장 좋으며, 아이에게 곧 다른 활동으로 전환됨을 알리는 것이 목적이다. 아이가 어떤 활동에 열중하다 보면 보통 다음에 무슨 활동을 해야 할지는 미처 생각하지 못한다. 이때 아이에게 다음 활동이 뭔지 알려주면 미리 준비할 수 있다. 예를 들어, 아이에게 잠시 후면 목욕할 시간이니까 장난감 기차놀이를 곧 멈춰야 한다고 알리면 아이는 하던 놀이를 멈출 준비를 할 수 있다. 아이가 다음 활동으로 잘 전환하도록 도와주기 위해, 아래 질문들을 살펴보자.

· 아이가 활동을 전환하는 데 시간이 얼마나 필요할까?

어떤 아이는 다른 활동으로 쉽게 전환하지만, 어떤 아이는 활동 전환을 매우 어려워한다. 아이가 어떤 쪽인지는 부모가 가장 잘 알고 있다. 카운트다운 형식으로 활동이 곧 바뀔 거라고 예고해주면, 아이가 더 쉽게 다음 활동으로 전환할 수 있다. 예를 들어, 새로운 활동이 시작되기 5분 전에 예고하고, 2분 전에 다시 예고하고, 마지막으로 30초 전에 한 번 더 예고해주자. 이때 어조, 단어 사용, 몸짓언어에 주의해서 당신이 다른 사람에게 듣고 싶은 방식으로 말하도록 하자.

· 아이가 다음 활동으로 잘 전환하도록 어떻게 도와줄 수 있을까?

다음 활동으로 전환할 때 아이에게 약간의 도움이 필요하다면, 아이한테 다가가 친절하게 "어떻게 도와줄까? 어떤 기차부터 제자리에 갖다 놓을까?"라고 물어보자. 이러한 질문은 아이가 당신에게 어떻게 하라고 말할 기회를 주기 때문에 아이에게 약간의 힘을 실어줄 수 있다. 아이가 스스로 뭐든지 할 수 있다는 자신감을 가지고, 사람들이 자기 말을 경청한다고 느끼는 것은 매우 중요하다.

· 아이가 다음 활동으로 전환하지 않겠다고 할 때 어떻게 할까?

아이가 다음 활동으로 전환하지 않겠다고 계속 떼를 쓰면, 어떤 대가가 뒤따를지 명확하고 친절하게 설명해주자. 그런 다음, 아이가 그 대가를 따르게 하자.

"이제 목욕할 시간이야. 엄마/아빠는 네가 장난감 기차를 정리하는 걸 기꺼이 도와줄 수 있어. 그런데 만일 엄마/아빠가 너 없이 혼자서 정리한다면, 네 장난감 기차들은 엄마/아빠 책상 위에 놓여질 테고 한동안은 거기 계속 있게 될 거야."

위 예시에서는, 뒤따르는 대가를 의도적으로 중도 변경할 수 있도록 정했다. 장난감 기차가 '한동안' 부모 책상 위에 놓여질 거라는 말은 한 달 동안 장난감 기차를 빼앗을 거라는 말과 분명히 다르다. 이렇게 대가를 변경할 수 있도록 정하는 이유는 대가를 정하는 목적이 아이가 목욕하도록 하는 것이기 때문이다. 장난감 기차를 빼앗겠다며 아이를 위협하면, 목욕이라는 목적의식이 흐려질 뿐 아니라 상황이 더 악화할 것이다. 하지만 장난감 기

　　　　　　　　　　　　　　　　　　　　2부 MIND 체계

차를 한동안 부모의 책상 위에 놔둘 거라고 말하면 장난감 기차를 언제 다시 놀이 공간으로 옮길지, 장난감 정리 시간에 해야 할 일을 아이에게 어떻게 보충 설명할지 생각할 시간을 벌 수 있다.

아이의 감정 조절 능력을 기르는 또 다른 방법은 아이가 침착하고 차분한 상태일 때 아이가 나중에 겪을 수도 있는 상황에 관해 이야기해보는 것이다. 예를 들어, 공원에서 아이의 그네를 밀어주고 있다고 가정해보자. 바로 옆 그네에는 비슷한 또래의 아이가 앉아, 엄마가 와서 그네를 밀어주지 않는다고 고래고래 소리 지르며 울고 있다. 이때 아이가 관찰한 내용에 관해 다음과 같이 조심스럽게 질문해보자.

· 저 친구가 왜 화가 난 것 같니?
· 저 친구한테 소리 지르는 대신 어떻게 하라고 말할 수 있을까?

이러한 대화를 통해, 아이는 나중에 비슷한 상황을 마주하게 될 때 어떻게 대처할지 미리 생각해볼 수 있다.

아이의 감정이 폭발한 순간의 대응: 아이의 주의를 딴 데로 돌리기
당신은 아이의 감정 폭발을 막으려고 사전에 문제를 해결하는 데 분명 최선을 다할 것이다. 하지만 우리 모두 잘 알다시피, 아이의 감정이 폭발하는 상황은 그래도 발생한다. 아이의 감정이 폭발한 순간에 잘 대처하려면, 인내와 이해가 필요하다. 다음 이 야기는 저녁 식사 도중 감정이 폭발한 아이에게 부모가 어떻게 대응하는지 보여준다.

케이트는 엄마, 언니, 형부, 조카들을 저녁 식사에 초대했다. 집으로 가족을 초대하는 것이 부담되긴 했지만, 엄마 생신날이라 특별한 저녁을 준비해 생신을 축하하고 싶었다. 케이트는 시계를 흘끗 쳐다봤다. 가족들이 도착할 때까지 아직 30분 정도 여유가 있었다. 남편 맬컴과 여섯 살짜리 아들 콜도 축구 연습을 마치고 곧 돌아올 예정이다. 음식도 다 준비됐고, 테이블 세팅도 끝났다. 그런데 놀이방 상태는 괜찮나?

케이트가 놀이방으로 들어서자, 담요, 의자, 베개, 빈 상자로 만든 커다란 요새가 눈에 들어왔다. 며칠 전에 콜이 몇 시간 동안 공들여서 놀이하고 책 읽는 공간으로 꾸민 요새였다. 케이트는 곧바로 그 요새를 분해하고 빈 상자는 내다 버렸다. 그러고 나니 놀이방이 좀 봐줄 만했다.

초인종이 울렸다. 케이트는 현관으로 달려가 가족들을 맞이 했다. 조카들은 인사를 마치자마자 놀이방으로 직행했고, 어른들 은 자리에 앉아 와인과 치즈를 즐겼다. 몇 분 뒤 콜과 맬컴이 집 으로 돌아왔다. 콜은 할머니를 안아드리고 곧장 사촌들에게 달려 갔다. 잠시 후 콜이 소리를 지르기 시작했다.

"누가 내 요새를 부쉈어? 내 것이 다 어디 간 거야?"

콜은 놀이방을 뛰쳐나와 팔을 이리저리 흔들고 발을 쾅쾅 구르며 엄마를 찾았다. 콜은 엄마를 노려보며 소리쳤다.

"엄마가 내 요새를 다 부쉈어요? 도대체 왜 그러세요?"

순간 방에는 정적이 흘렀다. 케이트는 몹시 당황스러웠다. 가족들이 다 보는 앞에서 아이의 감정 폭발에 어떻게 대응해야 할까? 케이트는 콜의 행동에 즉시 대응하지 않았다. 그녀는 너무 화가 나서 말이 안 나왔다. 이렇게 화가 많이 난 상태에서 행동하면 나중에 후회할 게 뻔했다. 하지만 그렇다고 아이가 거실에서 고함을 지르며 몸부림치도록 계속 놔둘 수도 없었다. 케이트는 숨을 깊이 들이마시고 어깨에 힘을 쫙 빼고 손가락을 꼼지락거리며 몸의 긴장을 풀었다(마음챙김). 지금은 조용히 있는 게 최선이라고 생각했고, 이는 결국 옳은 선택이었다. 케이트는 콜에게 가까이 다가가 침착하게 말했다.

"잠깐 네 방으로 같이 가자."

콜은 눈물을 주르륵 흘리며 순순히 고개를 끄덕였다.

콜의 방으로 들어서며, 케이트가 말했다.

"우리 같이 타임 인 하자."

콜이 동의했다. 케이트는 콜의 침대에 앉아 잠시 생각을 정리했다. 콜은 그림책을 하나 골라 바닥에 앉았다. 지금은 아이의 잘못된 언행을 바로 잡을 때가 아니었다. 이건 나중에, 어쩌면 며칠 뒤에 할 것이다. 그전에 먼저, 상대를 존중하며 예의 바르게 대화하는 방법을 콜에게 어떻게 가르칠지 남편과 이야기해볼 것이다 (적절한 대응 시기 및 대응 방법 결정).

다음으로, 케이트는 콜이 현재 원하는 게 뭔지 생각했다. 콜은 좀 전의 자기 행동 때문에 아마도 쑥스러운 기분이 들 것이고, 가족에게 소속감을 느끼며 인정받길 원할 것이다. 케이트는 콜에게 말도 없이 요새를 없앤 것을 사과하며 할머니랑 이모 식구들이 오기 전에 집을 깨끗이 청소하고 싶었다고 설명했다. 콜은 엄마의 말을 경청했다. 그러고 나서 케이트는 콜이 엄마를 존중하지 않는 태도로 언성을 높인 것에 관해서는 나중에 대화할 거라고 명확히 말했다. 이를 통해 콜은 자기 잘못에 뒤따르는 대가에 관해 나중에 할 대화를 미리 마음속으로 준비할 수 있다.

"방에서 계속 책을 읽을래? 아니면 나가서 사촌들하고 같이 놀래?" 케이트가 타임 인을 마치며 물었다.

콜은 방에서 조금만 더 있다가 나가겠다고 대답했다. 케이트는 콜의 방을 나서며, 가족들을 다시 마주하기 전에 숨을 깊이 들이마셨다가 내쉬었다. 지금은 가족들에게 아무 말도 하지 않기로 했다. 케이트는 아들의 감정 폭발에 대응한 방법이 만족스러웠으며 아이와 이 일에 관해 나중에 대화하기로 한 사실에 마음이 편안해졌다.

아이의 감정이 폭발한 순간에 적절히 대응하려면, 그 순간 아이의 주의를 딴 데로 돌리는 방법을 알아야 한다. 케이트와 콜은 둘 다 마음속에서 북받치는 감정을 통제하기 위해 다른 가족들 한테서 잠시 떨어져 '타임 인' 시간을 가졌다. 타임 인을 통해 아이는 자기감정과 욕구를 살펴보고 그것을 어떻게 표현할지 생각할 기회를 얻는다. 그리고 당신은 이 시간에 당신이 아이를 아끼고 사랑하며 둘 다 마음이 안정되면 아이의 말을 경청할 수 있음을 확실히 알려줄 수 있다. 많은 부모가 스스로 타임 인 시간을 가지며, 이 시간을 통해 차분히 자신의 감정을 추스른다.

타임 인은 벌이 아니다. 자아 인식과 자기 조절을 연습할 수 있는 기회다. 아이는 타임 인을 통해 긴장과 분노를 느끼다가 점차 차분하고 평안해지는 게 어떤 느낌인지 알 수 있다. 그렇다면 타임 인은 타임 아웃과 무엇이 다를까? 타임 아웃은 아이가 잘못된 행동을 했을 때 혼자 따로 분리되는 시간이다. 어떤 일곱 살짜리 아이는 타임 아웃을 이렇게 설명했다.

"타임 아웃은 잘못을 저질렀을 때 혼자 떨어져 있어야 하는 시간이에요. 내가 왜 타임 아웃을 했는지는 말하고 싶지 않아요. 정말 말하기 싫어요. 타임 아웃은 나쁜 거예요. 그러니까 타임 아웃을 한 사람도 나쁜 거예요."

한편, 타임 인은 상대방과 자신을 이해하는 시간이다.

아이에게 당신이 아이를 여전히 아끼고 사랑한다고 말하자. 아이가 나쁜 게 아니라, 그 순간 잘못된 행동을 선택한 것뿐이라고 설명해주자. 분노를 진정시킬 수 있는 안전하고 중립적인 장소에서 잠시 멈춰 타임 인을 할 필요가 있다고 말하고, 다음 활동을 하도록 격려해보자.

- 자기 행동이 다른 사람에게 어떤 영향을 미치는지 생각하기
- 현재 느끼는 모든 감정에 이름 붙여보기
- 몸에서 조금이라도' 긴장(팽팽하게 조여오는 느낌)되는 부분이 있는지 살펴보고, 그 긴장을 스스로 풀 수 있는지 생각해보기
- 자기 생각에 귀 기울이기(즉, 자기 행동에 관해 자기 내면의 목소리가 하는 말 경청하기)

아이가 타임 인을 하기 전에, 다음 사항을 미리 고려하자.

- 아이가 타임 인 할 장소를 결정하자. 예를 들어, 아이의 방 혹은 집안의 한 공간으로 정할 수 있다.
- 타임 인 시간에 아이 혼자 있어도 괜찮을지, 아니면 당신이 아이와 같이 있어주는 게 도움이 될지 아이에게 물어보자. 어떤 아이들은 혼자 타임 인 하는 걸 좋아하지만, 어떤 아이들은 무섭고 외롭다고 느낀다. 타임 인의 목적은 아이를 겁주는 것이 아니라 아이가 자기감정을 조절하고 자기 행동이 다른 사람에게 나쁜 영향을 끼칠 수도 있음을 이해하도록 하는 것임을 명심하자.
- 아이가 타임 인 시간에 할 수 있는 것들을 제안해보자. 만일 아이가

매우 화가 나거나 좌절한 상태라면, 소리 지르거나 울거나 심지어 물건을 부술 수도 있다. 아이는 해도 되는 행동과 해선 안 되는 행동이 따로 있음을 알아야 한다. 장난감을 부수거나 책을 찢는 행동은 안 되지만, 다음과 같이 적절한 방법으로 감정을 발산하는 것은 괜찮다.

- 베개를 세게 치거나 담요나 인형에 대고 소리 지르기
- 종이를 구기거나 점토를 짓이기거나 부드러운 물체를 꽉 짜기
- 운동, 스트레칭을 하거나 위아래로 점프하기
- 호흡을 세거나 노래를 부르거나 음악 감상하기
- 책을 읽거나 그림을 그리거나 장난감을 가지고 놀기

타임 인 시간은 아이의 마음 상태가 차분해지면 종료된다. 만일 아이가 혼자서 타임 인을 하면, 아이가 잘 있는지 수시로 들여다보자. 아이 옆에서 같이 타임 인을 한다면, 아이가 평정심을 되찾을 때까지 아무 말 없이 조용히 곁에 있어 주자. 이렇게 하면 아이가 스스로 안정을 되찾을 수 있고 시간이 지남에 따라 자기 감정이 어떻게 바뀌는지 느낄 수 있다. 아이가 스스로 감정을 다스리고 조절하는 기술을 발달시킬 수 있는 시간을 주고, 시의적절한 때에 아이가 자기 행동을 다시 되돌아보도록 하자. 이때 아이가 공감할 수 있는 예시를 들어 아이의 이해를 돕거나, 아이가 스스로 마음을 가라앉히기 위해 사용한 기술에 관해 질문하는 것이 좋다. 이때 아이가 사용한 기술을 판단하지 않도록 주의한

다. 판단하는 대신 질문을 통해 아이가 자기의 마음챙김 기술을 다듬도록 도와주자. 예를 들어, "책을 몇 권 정도 봤을 때 차분해지기 시작했니?"라고 물어볼 수 있다.

사후 대응: 당신의 대응 성찰하기

아이 행동에 어떻게 대응했는지 되돌아보면, 나중에는 더 평온한 마음 상태에서 잘 대응할 수 있다. 이 장 첫머리에서 다뤘던 타이라의 이야기가 콜의 이야기와 어떤 점이 다른지 생각해보자. 각각의 사례에서 클로디아와 케이트는 모두 성공적으로 MIND 체계를 실행에 옮겼다. 다만, 클로디아는 슈퍼마켓에서 일어난 일을 완전히 이해하고 MIND 체계의 마지막 단계까지 실행하기 위해 약간의 '사후 시간'이 더 필요했다.

케이트와 마찬가지로, 클로디아도 몸속에 긴장된 부분은 없는지 살피고, 자기 내면의 목소리가 말하는 내용에 관해 질문하며, 자신을 너무 가혹하게 판단하지 않으려고 최선을 다했다. 그녀는 이 과정에서 자신이 수치심을 느끼고 있다는 걸 깨달았다. 슈퍼마켓에 있던 사람들이 자기 양육 방식을 판단할까 봐 걱정했고 딸을 대할 때 인내심을 잃은 자신이 부끄러웠다. 타이라의 감정이 폭발한 순간 클로디아는 인내심으로 대처하려고 노력했지만, 자신의 감정을 통제할 수 없었다. 하지만 일단 자신이 수치심을 느끼고 있다는 것을 인식하자, 자기 통제력을 발휘할 수 있

었고 마침내 타이라에게 대응하기 전에 잠시 멈추기로 결정할
수 있었다.

클로디아와 타이라가 집에 돌아와 마음이 차분해졌을 때, 클
로디아는 몇 시간 전 슈퍼마켓에서 있었던 사건을 다시 되돌아
볼 마음의 준비가 되었다. 앞으로 슈퍼마켓에 가는 일이 클로디
아와 타이라 모두에게 좀 더 즐거운 경험이 되려면, 이 사건에 어
떻게 대응하는 것이 좋을까? 15개월 된 타이라는 이제 막 말을
하기 시작했고, 과거를 기억할 수 있는 능력은 아직은 제한적이
나 계속 발달 중이다(3장 참조). 따라서 타이라와 슈퍼마켓에서
있었던 일에 관해 논리적인 대화를 시도하는 것은 썩 좋은 대응
법이 아닐 것이다.

대신, 클로디아는 슈퍼마켓에 들렀던 때가 언제였는지 떠올
렸고 점심 먹으러 집으로 가던 도중이었음을 깨달았다. 그래! 타
이라가 배가 고팠던 거였구나! 딸아이가 원하는 게 무엇이었을
지 생각하고 그 사건이 일어난 상황을 비판단적으로 관찰한 덕
에 클로디아는 타이라가 원하는 게 뭐였는지 알 수 있었다. 그래
서 클로디아는 다음에 슈퍼마켓에 갈 때는 타이라가 먹을 간식
을 싸서 가기로 했다. 그러면 타이라의 허기도 달래줄 수 있고,
간식을 먹는 타이라의 눈과 손도 바빠질 것이다.

아이에게 명확하게 대응하려면
어떻게 해야 할까?

당신이 아이 행동에 시의적절하게 대응하면, 당신과 아이 모두 감정 조절 능력을 향상시킬 수 있다. 하지만 시의적절한 대응 못지않게 명확하게 대응하는 것도 중요하다. 즉, 아이 행동의 경계를 명확히 설정해줘야 하며, 당신의 메시지를 분명하게 전달해야 한다.

행동의 경계를 명확하게 설정하기

아이에게 행동의 경계를 명확하고 일관성 있게 설정해주면, 아이는 자기 행동이 어떤 결과를 가져올지 예상할 수 있다. 이렇게 경계를 설정함으로써 당신이 아이에게 무엇을 바라는지 알려줄 수 있으며, 아이가 자신이 원하는 결과로 이어질 가능성이 큰 행동을 선택하도록 가르쳐줄 수도 있다.

행동의 경계가 불분명하면 아이는 자기가 뭘 해야 하는지 알지 못하므로 한 활동에서 다음 활동으로 전환하는 걸 어려워하게 된다. 아이에게 안 된다고 말할 때, 무조건 안 된다고만 말하기보다는 당신이 아이에게 바라는 게 뭔지, 그리고 아이가 경계를 지키지 않고 선을 넘으면 무슨 일이 벌어지는지도 함께 이야기해주자. 예를 들어, 단순히 "음식을 던지지 마"라고 말하는 대신 음식을 접시에 가만히 두라고 말하고, 만일 음식을 던지면 식탁에 계속 앉아 있지 못할 거라고 말해주자.

아이들도 규칙과 경계가 자신들에게 도움이 된다는 것을 이해한다. 아이가 스스로 어떻게 행동해야 하고 어떻게 행동하면 안 되는지 알면, 아이는 세상을 탐색하며 자유롭게 정보를 수집하다가 자신이 경계선을 넘는 순간 스스로 알아챌 수 있다. 아이가 어디까지 탐색하도록 허용할지는 당신에게 달려 있으며, 당신이 설정한 경계를 아이에게 알려줄지 말지 또한 당신이 결정해야 한다.

다음은 내가 가르쳤던 6세 아이들과 나눴던 대화로, 아이들도 행동의 경계를 설정하는 것이 중요하다는 것을 인식하고 있음을 보여준다.

나: 부모님과 선생님들이 왜 아이들에게 규칙을 정해주시는 걸까?

제임스: 우리가 어떻게 행동해야 할지 모르니까 부모님과 선생님들이 도와주시는 거예요.

나: 왜 어떻게 행동해야 할지 모르지?

타마라: 우린 아직 어리니까요.

미치: 우린 아직 충분히 자라지 않았어요.

나: 규칙은 얼마나 오랫동안 바뀌지 않고 그대로 유지되어야 할까?

카이라: 규칙은 우리가 그 규칙을 계속 따를 수 있게 오랫동안 바뀌지 않아야 해요. 규칙은 우리 생일이 되면 바뀌어요. 우리는 생일이 지날 때마다 스스로 할 줄 아는 게 더 많아지기 때문이죠.

미치: 우리가 나이를 먹으면 부모님이 우리를 믿어줘서 스스로 더 많은 걸 할 수 있어요.

나: 부모님과 선생님들이 너희들을 믿으면 규칙이 어떻게 바뀌니?

타마라: 아침에 혼자 아래층에 있는 주방으로 내려갈 수 있어요.

나: 주방으로 가서 뭘 하니? 아침으로 아이스크림을 먹니?

아이들: (웃으며) 아니요!

제임스: 아이스크림을 먹으면 안 돼요. 만일 그렇게 하면 부모님은 우릴 믿지 못하실 거고 우린 지켜야 할 규칙이 더 많아질 거예요.

미치: (대화 내용을 요약하며) 우리가 어릴 땐, 많은 규칙을 지키면서 연습을 해요. 그리고 생일이 될 때마다 규칙이 줄어들죠. 우리가 나이를 먹을수록 스스로 알아서 할 수 있는 일이 많아지고 어떻게 행동해

야 할 줄도 알고 부모님과 선생님들이 우리를 믿기 때문이에요.

위 대화에서 알 수 있듯이, 아이들은 어른들이 자신들에게 행동의 경계를 설정해주는 이유를 이해하며, 자신들이 자라면서 더많은 책임을 짐에 따라 규칙이 바뀐다는 것도 인식한다. 아이에게 규칙과 경계를 정해주면, 그 규칙과 경계 안에서 (대부분의 아이들이 갈망하는) 독립하는 기회를 줄 수 있다. 이를 통해, 당신이 아이를 신뢰한다는 것과 아이가 자아 인식 능력과 자기 조절 능력을 발휘해 당신이 설정한 경계 내에서 행동할 수 있음을 믿는다는 것을 보여줄 수 있다.

메시지를 분명하고 유의미하게 전달하기

아이에게 말할 때 어떤 단어를 선택하는지는 매우 중요하다. 너무 당연한 말이지만, 대부분의 부모들이 자신이 아이에게 무엇을, 어떤 방식으로 말하는지 항상 주의를 기울이지는 않는다. 하지만 아이는 아직 의사소통하는 방법과 자기 행동이 다른 사람의 기분에 미치는 영향을 배우는 중이므로, 아이가 당신이 하는 말을 잘 이해해서 친사회적 기술을 배우도록 도와줘야 한다. 예를 들어, 부모가 아이에게 "친절하게 행동해라"라고 말할 때 그 부모는 아이가 친절이라는 개념이나 친절하게 행동하는 것이 실제로 어떤 모습인지를 이해하지 못한다는 것을 인식하지 못할 수도 있다. 아이들은 어른들과 마찬가지로, 어떤 개념이 자신과 개인적으로 관련이 있을 때, 즉 자신에게 유의미할 때 그 개념을 더 잘 이해할 수 있다. 아이가 친절과 같은 친사회적 기술의 개념을 잘 이해하도록 하려면, 당신이 메시지를 분명하고 유의미하게 전달해야 한다. 다음 질문을 통해 당신의 메시지가 분명하고 유의미한지 살펴보자.

- 아이에게 친숙한 단어와 어구를 선택했는가? 아이의 사전지식을 고려해서 설명하고 있는가?

  "넌 도대체 뭐가 문제니? 동생이 기다리고 있는 거 안 보이니? 네 행동은 용납할 수 없구나"라고 말하는 대신 "이제 네 동생 차례야"라고 구체적이면서도 간단하게 말해보자. 어린아이는 '용납할 수 없는 행동'이라는 개념을 쉽게 이해하지 못할 수도 있다. 하지만 이제 다른 사람이 할 차례라고 말해주면, 아이는 당신의 메시지를 정확히 이해할 수 있다.

- 개념을 재미있고 유의미한 방식으로 가르치고 있는가?

  아이에게 예의 없게 행동한 대가로 하지 못하게 된 것들을 잔뜩 나열하는 것은 아이가 예의 바르게 행동하는 방법을 배우는 데 별 도움이 안 될 것이다. 대신, 아이가 좋아하는 캐릭터가 상대에게 존중받지 못하는 상황을 다룬 이야기를 쓰거나 그림을 그려보자. 그리고 아이에게 그 이야기에서 무엇이 잘못되었는지, 캐릭터의 기분이 어떨지,

캐릭터들이 어떻게 문제를 해결할 수 있을지 질문하자.

· 아이가 내 메시지를 정확히 이해했는가?

아이에게 당신이 말한 메시지를 다시 말해보거나 재연해보라고 하자. 그리고 아이가 잘못 이해한 내용을 바로잡아주자. "내 말 잘 들었니?"라고 부질없이 여러 번 묻기보다는 다음처럼 구체적으로 질문해서 아이가 당신의 메시지를 정확히 이해했는지 확인하자.

"청소 시간 전까지 네가 놀 수 있는 시간이 몇 분 남았지? 청소해야 할 세 가지가 뭐지?"

아이의 행동 때문에 좌절감이 들거나 혼란스러울 때, 아이가 당신이 사용한 단어를 정확히 이해했는지, 그 단어들을 어떻게 해석했는지, 당신이 가르치려는 개념을 재미있고 유의미한 방식으로 단순화했는지 스스로 점검해보자.

대응 방법을 결정할 때
MIND 체계를 실행에 옮기기

앞서 적절하고 명확하게 대응하는 방법을 알아보았다. 이제 동일한 이야기의 서로 다른 두 가지 버전을 살펴보자. 두 가지 버전 중 하나는 MIND 체계를 적용하지 않은 것이고, 다른 하나는 적용한 것이다. 이 두 버전은 상당히 다른 결과를 초래한다.

재미없는 놀이 시간: MIND 체계를 적용하지 않은 버전

제이가 주방에서 아이들 간식으로 당근과 사과를 썰고 있었다. 그때 뒷마당에서 네 살짜리 아들, 마틴이 친구들에게 고함치는 소리가 들렸다.

"내가 그네의 왕이야. 그러니까 넌 내가 명령을 내릴 때만 그네를 탈 수 있어."

앤드루(4세)가 마틴의 말을 반박했다.

"왜? 왜 네가 왕이야?"

마틴은 양손을 허리춤에 얹은 채 앤드루를 노려봤다.

로지(4세)는 혼란스러운 표정으로 물었다.

"그럼 난 뭐야?"

마틴은 언성을 더 높였다.

"내가 왕이고, 규칙은 왕이 정하는 거야. 그러니까 너희들은 내 말을 따라야 해. 나한테 계속 질문하면 오늘 그네 못 탈 줄 알아. 그네를 막아버릴 거야!"

마틴은 허리춤에서 손을 떼 주먹을 불끈 쥐었다. 앤드루와 로지는 서로를 바라보더니 조용히 뒤로 물러섰다.

제이는 아이들이 노는 모습을 주방 창문을 통해 지켜보다가 화가 나고 아들의 행동에 크게 실망했다.

'마틴이 왜 저러지? 왜 저렇게 친구들에게 으스대는 걸까?'

제이는 하던 일을 멈추고 뒷마당으로 나갔다.

"마틴, 잠깐 이리 와봐!" 제이가 다그치듯 말했다. 그러고는 실망 가득한 표정으로 아들에게 말했다. "네가 친구들한테 불친절하게 행동하면 친구들 다 집에 가라고 할 거야. 자, 다시 가서 친구들이랑 놀고 착하게 행동해."

마틴은 발을 쾅쾅 구르며 다시 친구들한테 갔다.

아이가 당신이 용인하지 않는 방식으로 행동하는 것을 보면, 아이가 다른 사람을 대하는 법을 알고 있는지 의구심이 들고 당신 자신의 육아 능력도 의심하기 마련이다. 제이는 마틴이 자기가 말한 대로만 행동하면 친절한 아이가 되리라 생각했다. 하지만 마틴은 어떻게 해야 친절한 사람이 되는지 과연 이해했을까?

재미없는 놀이 시간: MIND 체계를 적용한 버전

제이는 주방 창문 너머로 마틴과 마틴의 친구들이 노는 모습을 지켜봤다. 그는 아들의 행동에 무척 당황했다.

'마틴이 왜 저러지? 왜 저렇게 친구들에게 으스대는 걸까?'

제이는 수치심으로 화가 났지만, 화가 난 채 행동하기 전에 잠시 멈추고 생각했다. 그는 자기 내면의 목소리가 자신을 판단하고 있으며, 자신이 이를 악물고 있다는 걸 깨달았다. 그래서 마음챙김을 하며 턱에 들어간 힘을 빼고 아이들 사이에 직접 개입해야 할지 말지 고민했다. 제이는 고민 끝에 마틴이 이 경험에서 스스로 배울 수 있기를 바라면서 아이들 놀이 활동에 간섭하지 않기로 결정했다.

제이는 다시 조리대로 돌아와 당근과 사과를 썰며 자신의 호흡에 집중했다. 그러면서 가끔 턱에 힘이 들어가 있는지 확인했다. 그리고 창문 너머로 아이들을 지켜보면서 상황을 살폈다. 마틴은 혼자 계속 그네를 타다가 얼마 후 친구들에게로 갔다. 친구들은 강아지 흉내를 내며 놀고 있었다. 마틴은 친구들에게 같이 놀자고 말하는 대신, 강아지 흉내를 내며 친구들의 가상 놀이에 자연스럽게 참여했다. 로지가 마틴에게 막대기를 던지자, 마틴은 강아지처럼 그것을 집어 왔다.

제이는 간식을 가지고 뒷마당으로 나왔을 때, 자신이 좀 전에 목격한 일은 일절 언급하지 않았다.

"여기 배고픈 강아지들을 위해 간식이 왔습니다!"

제이는 아이들이 계속 놀도록 놔두었다. 마틴이 지금은 아까보다 더 친절하게 친구들을 대하지만, 제이는 여전히 친구를 친절하게 대하는 방법에 관해 마틴과 이야기해야겠다고 생각했다.

제이는 마틴의 행동 패턴을 이미 파악하고 있었다. 어떤 일이 일어난 직후에 그 일에 관해 이야기하면(시의적절한 대응) 마틴은 들으려 하지 않았다. 한편, 최근 마틴의 목욕 시간에 정말 기분 좋은 대화를 나눴던 일이 떠올랐다. 그래서 제이는 저녁 목욕 시간에 오늘 뒷마당에서 있었던 일을 이야기하기로 마음먹었다(결정). 제이는 친절이라는 개념을 재미있고 유의미하게 전달하기 위해(명확한 대응) 욕조 안에 있는 장난감으로 낮에 뒷마당에서 있었던 일을 재연하기로 계획했다. 재연할 때, 마틴에게 어떻게 하면 친절해질 수 있을지와 친구들이 우리 집에서 환영받는다고 느끼게 하려면 어떻게 해야 할지 물어볼 것이다(질문). 아이의 의견을 들어보면, 아빠가 전달하려는 메시지를 아이가 얼마나 잘 이해했는지 알 수 있을 것이다.

그날 밤, 마틴은 욕조에서 목욕 수건을 비구름이라고 하면서 물에 담그는 놀이에 푹 빠져 있었다. 제이는 상황이 계획한 대로 흘러가지 않을까 봐 갑자기 걱정이 밀려왔다. 하지만 마틴의 놀이를 방해하지 않고 인내심을 가지고 기다렸다(마음챙김). 마틴의 목욕 수건 놀이가 끝나자 제이는 마틴이 좋아하는 목욕 장난감을 꺼내 낮에 뒷마당에서 있었던 일을 재연했다.

> 상어: (불가사리 친구에게) 목욕 시간은 정말 재밌어! 이 비누 거품들 좀 봐! 나는 비누 거품의 왕이야. 나만 이 컵을 사용할 수 있어.
> 불가사리: 오, 재밌겠다. 나도 그 컵으로 놀고 싶어.
> 상어: 넌 내가 명령을 내릴 때만 이 컵으로 놀 수 있어.

제이는 마틴에게 불가사리의 기분이 어떨지 질문하고, 상어에게 더 친절한 친구가 되려면 어떻게 해야 할지 말해줄 수 있는지 물었다. 마틴은 상어가 불가사리에게 명령하는 대신 선택권을 줘야 한다고 대답했다. 그러자 제이는 마틴에게 상어와 불가사리 이야기를 다시 만들어보라고 권했다. 마틴이 만든 이야기에서는 상어가 불가사리에게 숟가락을 가지고 놀고 싶은지 아니면 계량컵을 가지고 놀고 싶은지 물어본 다음 불가사리가 원하는 것을 줬다.

제이와 마틴 이야기의 두 번째 버전은 부모가 아이와 적절한 때에 재미있는 대화를 함으로써 부모가 가르치고자 하는 개념을 아이에게 유의미하게 전달할 수 있음을 보여준다. 아이가 좋아하는 일과 시간에 대화하면 자기 생각과 욕구를 표현하는 방법을 자연스럽게 배울 수 있으며, 당신이 사회적·정서적 기술 발달에 도움이 되는 언어 사용을 모델링할 수도 있다. 특히 MIND 체계의 D 단계를 통해 아이의 행동에 시의적절하고 명확하게 대응함으로써 아이의 사회적·정서적 기술을 의식적으로 발달시킬 수 있다. 이 단계의 부모 역할을 요약하면 다음과 같다.

· 시의적절하고 명확하게 대응하면, 아이가 상황에 어떻게 반응할지 예상할 수 있으며 아이가 몹시 화를 내고 좌절감을 느낄 때 아이의 주의를 딴 데로 돌림으로써 아이가 침착해지도록 도와줄 수 있다.
· 아이에게 행동의 경계를 설정해주면, 아이는 자기 행동이 정해진 경계를 벗어나진 않았는지 스스로 되돌아볼 수 있다.
· 아이와 아이의 행동에 관해 유의미한 대화를 함으로써 아이의 사회적·정서적 기술을 발달시킬 수 있다.

이 장에 등장한 이야기들은 각각 걸음마 하는 아이, 유치원생,

초등학생의 부모가 MIND 체계를 실행하는 모습을 보여준다. 각 이야기는 1부에서 살펴본 연구들, 즉 아이의 마음 이론, 언어, 실행 기능의 발달 및 가족 문화가 아이에게 미치는 영향에 관한 연구가 MIND 체계와 어떻게 접목되는지 잘 보여준다.

아동 발달 관련 지식과 MIND 체계를 결합하면, 아이의 사회적·정서적 기술을 발달시킬 수 있다. MIND 체계를 실행하여 아이가 부모로부터 사랑, 보호, 인정 받고 있다고 느끼도록 양육하며 아이와 친밀한 관계를 형성하도록 하자.

나오며

✱

인기 영화 〈인사이드 아웃〉에서 관객들은 주인공 라일리가 가족과 함께 새로운 도시로 이사하는 힘든 경험을 겪는 시기에 그녀의 마음속을 엿볼 수 있다. 영화에서 기쁨, 슬픔, 분노와 같은 라일리의 감정이 각각의 캐릭터로 의인화되는데, 이 감정들은 라일리의 생각을 조절하려고 애쓰며, 라일리가 세상을 인식하고 자신을 표현하는 방식을 형성해주려고 노력한다. 우리는 이 책을 통해, 〈인사이드 아웃〉에 등장하는 라일리의 감정 캐릭터들처럼 당신도 아이에게 생각과 감정이 머릿속에서 어떻게 작용하는지, 그리고 이러한 생각과 감정이 다른 사람과의 상호작용에 어떤 영향을 미치는지 알려줌으로써 아이의 사회적·정서적 발달을 도울 수 있다는 메시지를 전하고 싶었다.

아이의 사회성과 정서 지능을 발달시키기 위해서는 아이의 행동을 발달적 관점에서 바라봐야 하며 아이의 요구에 충동적으로 반응하지 않고 잠시 멈췄다가 의도적으로 대응해야 한다. 아이들은 저마다의 방식대로, 자신만의 속도로 발달하며 자신만의 관점을 통해 세상의 경험을 인식한다. 한 인간이자 부모인 당신도 마찬가지다. 우리는 항상 배우고 발전하며 성장하고 있다. 이것이 바로 인간다움의 본질이다.

세상에 완벽한 부모는 없으며 완벽한 아이도 없다. 그러나 인간은 끊임없이 발달하며 인간의 마음이 세상의 경험을 인식한다는 기적과 같은 일은 존재한다. 우리는 태어나자마자, 다른 사람과 어떻게 관계 맺을지 결정하기 위해 다른 사람들의 감정 신호를 읽기 시작한다. 사회성과 정서 지능은 아이가 성장하는 데 밑바탕이 되며, 당신의 말과 행동은 아이가 세상을 바라보는 방식과 경험에 반응하는 방식에 결정적인 영향을 미친다.

우리는 부모가 아이의 관점에서 세상을 바라보고, 자신의 양육 방식을 더 깊이 인식해 아이의 사회성과 정서 지능을 발달시키도록 돕기 위해 'MIND 체계'를 고안했다. 우리의 바람은 당신이 이 체계를 통해 아이의 발달을 알아채고 축하해주며, 사회성과 정서 지능이 높은 아이를 키울 수 있다는 육아 자신감을 얻는 것이다.

우리는 교육 환경 안팎에서 다양한 가족과 상담해왔다. 이를 통해, 부모가 아이의 관점에서 상황을 바라보기 시작하면 육아에 대한 접근 방식을 변화시킬 수 있음을 깨달았다. 이 책의 맨 처음에 등장한 르네와 그녀의 네 살배기 딸 앤젤라를 기억하는가? 르네는 딸아이한테 친구가 한 명도 없는 것을 걱정하며 이렇게 말했다.

"전 그저 앤젤라가 행복하길 바랄 뿐이에요. 그런데 앤젤라는 집에 돌아와서 종종 유치원에선 다른 여자애들이 같이 놀아주지 않아서 슬프다고 말해요. 제가 앤젤라한테 같이 놀 다른 친구를 찾아보라고 하면, 앤젤라는 저더러 바보라고 쏘아붙여요."

르네는 어떻게든 앤젤라의 '친구 문제'를 해결해주고 싶었고, 앤젤라의 사교성이 떨어진다는 생각이 들어서 몹시 괴로웠다.

하지만 르네가 아이의 마음 이론 발달 과정을 아동 발달의 다른 주요 측면과 연관 지어 이해하고 자신의 육아에 MIND 체계를 적용하자, 앤젤라의 슬픔에 다른 방식으로 접근할 수 있었다. 르네는 마음챙김을 통해 아이의 슬픔을 해결해주고 싶다는 자신의 생각을 인식하고 내려놓을 수 있었다. 그리고 마음 상태가 평온해질수록, 자신과 아이의 감정을 있는 그대로 받아들일 수 있었다. 르네는 앤젤라에게 어떻게 행동해야 하고 어떤 감정을 느껴야 한다고 말하는 대신, 자신에게 다음과 같이 질문했다.

- 앤젤라의 생각, 감정, 행동이 앤젤라와 다른 사람의 관계에 어떤 영향을 미치는가?
- 앤젤라는 다른 사람의 관점(믿음이나 욕구)에 관해 어떻게 가정하고 있는가?
- 앤젤라가 자기 자신은 물론 다른 사람에게 마음을 열고 친절하게 대하도록 하려면 내가 어떻게 도와줘야 할까?
- 내 행동 중 앤젤라에게 도움이 되는 것은 무엇이며 내가 앤젤라에게 모델링하고 싶은 행동은 무엇인가?

르네는 이렇게 질문한 덕분에 현재 순간에 집중할 수 있었고 자신을 부끄러워하거나 남을 탓하는 행동을 피할 수 있었다. 그러나 여전히 아이에게 무엇을, 어떻게 모델링해야 할지 몰라 혼란스러운 때가 있었다. 이런 순간이 오면, 르네는 아이에게 대응하기 전에 마음이 차분해질 때까지 기다려야 함을 상기하고 인내심으로 대처하자고 스스로 되뇌었다.

르네는 앤젤라와 대화할 때 앤젤라처럼 친구 문제를 겪는 캐릭터가 등장하는 재미있는 이야기를 해줌으로써 유의미한 대화를 하려고 노력했다. 그리고 이야기 속 캐릭터가 유치원에서 친구를 사귈 수 있는 방법을 앤젤라와 함께 생각했다. 하지만 이런 노력에도 불구하고 앤젤라와 전혀 소통이 안 되는 때도 있었다. 르네는 이런 경우에 앤젤라의 선생님들에게 적극적으로 연락해 자신이 어떻게 해야 할지 조언을 구했다.

르네는 시간이 흐르면서 자신과 앤젤라의 관계가 변화하고 있음을 느꼈다. 예전보다 더 많이 웃기 시작했으며 전반적으로 기분이 한결 가벼워졌다. 그녀는 엔젤라의 기분이 어떨지 추측하는 대신 아이를 유심히 관찰하고 아이에게 있었던 일에 관해 질문했다. 때때로 화가 나거나 지칠 때면, 앤젤라에게 엄마가 잠시 쉬어야겠다고 분명히 이야기한 다음 자신의 감정을 주의 깊게 관찰하고 스스로 인내하는 연습을 했다.

당신은 MIND 체계를 통해 인내심을 가지고 더 적극적으로 양육할 수 있으며 아이의 사회성과 정서 지능을 발달시킬 수 있다. 아이의 사회성과 정서 지능을 발달시키기 위해서는 아이가 생각, 감정, 믿음, 욕구와 같은 마음 상태를 언제, 어떻게 생각하기 시작하는지 이해해야 하며, 사회성과 정서 지능의 씨앗이 뿌려지는 어린 시기에 아이의 행동에 관해 명시적으로 이야기하는 방법과 마음챙김 상태에서 아이의 행동에 의도적으로 대응하는 방법을 알아야 한다.

아이는 어렸을 때부터 마음이 무엇인지에 관한 이론을 발달시킨다. 아이가 점차 성장함에 따라, 자신의 생각, 믿음, 욕구, 의도와 같은 마음 상태가 자기 행동을 유발하며 이러한 마음 상태는 사람마다 다르다는 사실을 이해한다. 초등학교 저학년 시기에는 동일한 상황에 관해서도 사람마다 생각이 다를 수 있다는 사실과 우리의 마음은 항상 생각으로 가득 차 있다는 사실, 즉 끊임없는 의식의 흐름을 이해할 수 있다.

마음 상태를 이해하는 능력은 매우 복잡하다. 당신이 아이에게 행동과 감정을 통제하라고 말하는 것은 사실 아이가 배우고 있는 수많은 기술을 동시에 결합하라고 요구하는 것이다. 예를 들어, 아이들은 효과적으로 의사소통하기, 자기 충동 조절하기, 다른 사람의 관점 고려하기를 한꺼번에 배우고 있다. 이것은 절대 쉬운 일이 아니다. 따라서 아이의 행동에 대응하기 전에 잠시 멈춰서, 당신이 얼핏 생각하기에 아이가 할 수 있는 일이 과연 아이의 발달 단계상 정말로 해낼 수 있는 일인지 생각해봐야 한다.

아이는 직접 해봄으로써 배운다는 사실을 명심하자. 아이의 사회성과 정서 지능을 발달시키기 위해 아이가 친구, 형제자매, 선생님을 비롯해 아이에게 영향을 미치는 모든 사람의 관점을 고려할 수 있는 기회를 찾자. 그리고 아이의 내면세계에 관해 이야기하고, 생각, 믿음, 의도와 같은 마음 상태가 우리의 말과 행동에 영향을 미치며 우리가 다른 사람에게 반응하는 방식이 그들에게 위로가 될 수도, 해가 될 수도 있음을 알려주자. 인형극, 역할극, 그림, 이야기 등 앞서 제안한 방법들을 사용해 아이와 더 흥미롭고 기억에 남을 만한 대화를 나눠보자.

살다 보면 MIND 체계를 쉽게 적용할 수 있는 날도 있고, 적용하기 어려운 날도 있을 것이다. 예를 들어, 어떤 날엔 인형극과 감정 항아리가 아이의 마음을 확 사로잡지만, 또 어떤 날엔 아이가 이러한 방법에 갑자기 싫증을 느낄 수도 있다. 이건 지극히 자연스러운 현상이다. 아이를 키우다가 갑자기 두렵거나 불안하거나 의구심이 들 때는 아이의 사회적·정서적 기술은 발달하면서 수많은 기복을 겪는다는 점을 명심하자.

MIND 체계의 각 철자가 각 양육 기술과 일대일 대응하지만, 이 체계를 실제 육아에 적용할 때는 MIND 철자 순서대로 적용하는 것이 아니라 모든 기술을 서로 긴밀하게 연결해서 적용해야 한다. 나는 MIND 체계의 기술 중 특히 아이에게 대응하기 전에 멈추는 것이 힘들었다. 그래서 마음챙김 단계를 적용하기까지는 매우 오랜 시간이 걸린 반면, 질문 단계를 적용하는 것은 상대적으로 좀 더 쉬웠다. 질문을 함으로써 생각의 속도를 늦출 수 있었고, 내 육아 방식이나 아이에 관해 부정적인 말만 쏟아냈던 내면의 비판적인 목소리를 끌 수 있었다. 또 질문을 통해 비판단 자세를 갖출 수 있었기 때문에 종종 질문 단계와 비판단 단계를 융합해서 적용했다. 나는 마음 상태가 차분해지면 심호흡을 다섯 번 했는데, 마음챙김 상태를 유지하고 현재 순간에 머무르기 위해 매 호흡을 세었다.

나는 내 아이들이 어렸을 때, 특히 저녁 식사를 준비하거나 이메일에 답장을 쓰려고 할 때처럼 뭔가를 하려고 할 때 아이의 감정이 폭발하면, 우리가 이 책에서 여러 번 언급했던 만트라인

'인내심으로 대처하라'를 되뇌곤 했다. 이런 상황이 발생하면 너무 짜증이 나서 소리를 지르거나 뭔가를 마구 집어던지고 싶었다. 하지만 내가 짜증을 낼수록 아이의 감정 폭발도 더 심해지는 듯했다. 그래서 나는 잠시 멈추고 내가 지금 어떤 감정을 느끼고 내 주위에서 무슨 일이 일어나고 있는지 정보를 수집했다. 종종 내 몸은 더 긴장되기도 했는데 그럴 때면 또 만트라를 되뇌었다.

"인내심으로 대처하자. 기다리고 관찰하자. 인내심으로 대처하자…"

이 만트라는 십 대가 된 아이를 키울 때도 힘들 때마다 나의 생명줄 역할을 했다.

우리는 MIND 체계의 기술을 실제 육아에 적용하는 것이 두렵게 느껴질 수도 있음을 잘 알고 있다. MIND 체계를 가장 필요로 하는 때가 아이의 감정이 폭발하는 순간이기 때문이다. 자신을 너그럽게 대하고, 정서적으로 똑똑한 아이를 기르는 육아법을 실행하는 과정에서 어느 부모나 실수는 하기 마련이라는 점을 명심하자. 그리고 아이와 함께 조용히 성찰하는 순간, 책을 읽거나 영화를 보며 등장인물의 기분이 어떨지 대화를 나누는 순간, 아이가 슬퍼하는 친구를 위로하는 모습을 목격하는 순간 등 '소소한 일'들을 기념하자.

만일 모두가 아이와 내면세계에 관해 이야기하고, 아이에게 마음의 발달 과정을 알려주며, 다른 사람의 마음 상태를 존중하도록 가르친다면 이 세상이 어떤 모습일까? 모든 부모가 아이가 어릴 때부터 아이의 정서적 대처법을 존중해주고, 동정심을 가지고 의도적으로 행동하라고 가르쳐주며 모델링한다면, 이 세상 사람들의 사회성과 정서 지능이 얼마나 높을지 상상해 보자. 만일 그랬다면, 우리 모두 우리 자신과 서로에게 지금보다 훨씬 더 친절하지 않을까? 아이들은 우리의 미래다. 우리가 동정심 많고 사려 깊은 사람들로 넘쳐나는 세상에 살고 싶다면, 사회적·정서적으로 똑똑한 아이를 키우기 위해 최선을 다해야 하며 그 일은 바로 우리 손에 달려 있다.

감사의 글

*

책 쓰는 작업을 처음 해본 우리는 이 책을 쓰는 동안 '온 마을 사람들이 나서야 할 정도로 힘든 일이다'라는 속담을 종종 떠올렸다. 우리는 연구자이자 교육자로서 셀 수 없이 많은 논문, 가정통신, 지도안을 써왔지만, 책을 쓰는 일은 이런 종류의 글쓰기와 전혀 다른 과정이라는 것을 집필 작업을 시작한 지 얼마 지나지 않아 금세 깨달았다. 우리가 이 책을 쓰는 과정에서 귀중한 도움과 지도 조언을 아끼지 않았던 수많은 동료와 친구들에게 감사를 전한다.

수년 동안 우리가 가르쳤고 여러 연구에 연구 대상으로 참여해준 많은 어린이에게도 감사하다. 이 아이들은 저마다 자신의 질문, 생각, 기쁨, 두려움을 기탄없이 공유해줌으로써 우리에게 그들의 시각에서 세상을 바라보는 방법을 가르쳐주었다. 우리에게 육아 고민을 편안하게 공유해주고 MIND 체계를 기꺼이 자신의 육아에 적용해준 부모들에게도 특별히 감사를 전한다. 그들이 어떤 육아 기술이 적용하기 쉬웠는지, 어떤 기술이 어려웠으며 너무 많은 시간이나 노력을 들여야 한다고 생각한 기술은 무엇이었는지에 관해 솔직하게 피드백해준 덕분에 더 좋은 책을 쓸 수 있었다.

아동 발달 연구자들은 아이의 머릿속에서 일어나는 일을 혁신적인 방법으로 연구해 우리에게 많은 영감을 주었다. 우리가 그들과 함께 작업하고 그들에게서 배울 수 있었던 것은 큰 행운이었다. 그들의 연구가 없었다면, 우리는 부모들에게 아이의 마음이 어떻게 발달하며 아이가 세상을 어떻게 바라보는지 알려주지 못했을 것이다. 아울러, MIND 체계의 근간을 이루며, 레이첼의 교수법에 큰 영향을 준 고대 명상 수행법을 알게 된 것도 감사하다.

이 책의 편집을 맡았던 뉴 하빈저 출판사New Harbinger Publications의 라이언 뷰레시Ryan Buresh와 제니퍼 홀더Jennifer Holder는 우리의 전문 지식과 연구 경험을 이해하기 쉽고 실용적인 육아 체계로 변환하는 데 많은 조언을 해주었다. 특히 책을 쓰는 과정 내내 인내심과 유머 감각을 잃지 않고 우리의 끝없는 질문 공세에도 끝까지 정성껏 응해준 것에 깊은 감사를 전한다.

에이미 아이젠만Amy Eisenmann과 케이티 케네디Katie Kennedy는 각 장의 원고를 읽고 전문적인 관점은 물론 개인적인 관점에서도 귀중한 조언을 해주었는데, 이 자리를 빌려 감사의 마음을 전한다. 그리고 이 책 전반에 걸쳐 독창적인 안목으로 우리의 아이디어와 연구 결과에 생명력을 불어넣어준 우리의 그래픽 아티스트, 카렌 카파로Karen Caparo에게도 감사하다.

어떤 장소에 감사하는 것이 이상하게 보일 수도 있지만, 이 책에 담긴 우리의 생각과 아이디어에 큰 영향을 준 베이 에어리어 디스커버리 박물관과 그곳에서 함께 일했던 유능한 동료들에게 감사를 전한다. 숨이 멎을 듯 아름다운 금문교의 풍경은 우리가 아이들이 놀이하는 모습을 관찰하고 아이가 무엇에 영감을 얻고 무엇을 힘들어하는지 발견하는 과정에 완벽한 배경이 되어주었다.

레이첼은 그녀의 가족인 마이카, 니나, 제이콥에게 감사한다. 제이콥과 니나는 어린 시절에 자신들이 레이첼의 학생이 아닌 자식임을 부드럽게 상기시켜주었다. 덕분에 레이첼은 교실에서 사용하던 교수 기법을 가정에서 적용할 수 있게 살짝 수정할 수 있었다. 그리고 이 책을 쓰는 동안, 제이콥과 니나가 "엄마는 할 수 있어요!"라고 응원해준 덕분에 힘든 순간을 헤쳐나갈 수 있었다. 남편 마이카는 레이첼에게 유아 교육자로 일하는 것의 가치를 계속 일깨워주었고, 레이첼의 부모님과 오빠는 창의성을 발휘할 때의 기쁨과 뭔가에 꾸준히 집중하는 것의 이점을 몸소 보여주었다. 레이첼은 인생의 여러 단계에서 많은 친구를 만났는데, 이들이 가장 힘든 순간에는 곁에서 힘이 되어주고 가장 좋은 순간에는 함께 기뻐해줘서 행운이라고 생각한다. 이 친구들이 너무 많아 일일이 언급할 순 없지만, 그녀가 누굴 말하는지 모두 잘 알 것이다.

헬렌 또한 멋지고 활기 넘치며 사랑스러운 그녀의 가족에게 감사한다. 그녀는 인생을 회전목마라기보다 롤러코스터처럼 만들어주는(영화 〈우리 아빠 야호 Parenthood〉에서 영감을 받은 말이다) 데이브, 그레이스, 루비에게 무한한 감사를 전한다. 그녀에게 언제나 가족을 최우선시하고 항상 다음을 미리 준비하는 자세를 가르쳐준 부모님과 형제들에게도 감사를 전한다.

미주

1. Wellman, H. M. 2011. "Developing a Theory of Mind." In The Blackwell Handbook of Cognitive Development, edited by U. Goswami, 258–284. 2nd ed. Hoboken, NJ: Wiley-Blackwell.

2. Doherty, M. 2008. Theory of Mind: How Children Understand Others' Thoughts and Feelings. New York: Psychology Press.

3. Flavell, J. H. 2004. "Theory-of-Mind Development: Retrospect and Prospect." Merrill-Palmer Quarterly 50: 274–290.

4. Slaughter, V. 2015. "Theory of Mind in Infants and Young Children: A Review." Australian Psychologist 50: 169–172.

5. Wellman, H. M. 2011. "Developing a Theory of Mind." In The Blackwell Handbook of Cognitive Development, edited by U. Goswami, 258–284. 2nd ed. Hoboken, NJ: Wiley-Blackwell.

6. Wellman, H. M., D. Cross, and J. Watson. 2001. "Meta-Analysis of Theory-of-Mind Development: The Truth About False Belief." Child Development 72: 655–684.

7. Baron-Cohen, S., A. M. Leslie, and U. Frith. 1985. "Does the Autistic Child Have a 'Theory of Mind'?" Cognition 21: 37–46.

8. Adamson, L. B., and J. E. Frick. 2003. "The Still Face: A History of a Shared Experimental Paradigm." Infancy 4: 451–473.

9. Woodward, A. L., J. A. Sommerville, and J. J. Guajardo. 2001. "How Infants Make Sense of Intentional Action." In Intentions and Intentionality: Foundations of Social Cognition, edited by B. F. Malle, L. J. Moses, and D. A. Baldwin, 69–85. Cambridge, MA: MIT Press.

10. Meltzoff, A. N. 1995. "Understanding the Intentions of Others: Re-enactment of Intended Acts by 18-Month-Old Children." Developmental Psychology 31: 838–850.

11. Repacholi, B. M., and A. Gopnik. 1997. "Early Reasoning About Desires: Evidence from 14- and 18-Month-Olds." Developmental Psychology 33: 12–21.

12. Wellman, H. M., and J. D. Woolley. 1990. "From Simple Desires to Ordinary Beliefs: The Early Development of Everyday Psychology." Cognition 35: 245–275.

13. Ibid.

14. Peskin, J. 1992. "Ruse and Representations: On Children's Ability to Conceal Information." Developmental Psychology 28: 84–89.

15. Chandler, M. J., and D. Helm. 1984. "Developmental Changes in the Contribution of Shared Experience to Social Role-Taking Competence." International Journal of Behavioral Development 7: 145–156.

16. Lagattuta, K. H., H. J. Kramer, K. Kennedy, K. Hjortsvang, D. Goldfarb, and S. Tashjian. 2015. "Beyond Sally's Missing Marble: Further Development in Children's Understanding of Mind and Emotion in Middle Childhood." In Advances in Child Development and Behavior, edited by J. B. Benson, 185–217. Philadelphia: Elsevier.

17. Flavell, J. H., F. L. Green, and E. R. Flavell. 1993. "Children's Understanding of the Stream of Consciousness." Child Development 64: 387–398.

18. Kuhl, P. K. 2004. "Early Language Acquisition: Cracking the Speech Code." Nature Reviews Neuroscience 5: 831–843.

19. Kuhl, P. K., E. Stevens, A. Hayashi, T. Deguchi, S. Kiritani, and P. Iverson. 2006. "Infants Show a Facilitation Effect for Native Language Phonetic Perception Between 6 and 12 Months." Developmental Science 9: F13–F21.

20. Ibid.

21. Bergelson, E., and D. Swingley. 2012. "At 6–9 Months, Human Infants Know the Meanings of Many Common Nouns." Proceedings of the National Academy of Sciences 109: 3253–3258.

22. Newman, R. S., M. L. Rowe, and N. B. Ratner. 2015. "Input and Uptake at 7 Months Predicts Toddler Vocabulary: The Role of Child-Directed Speech and

Infant Processing Skills in Language Development." Journal of Child Language 43: 1158–1173.

23. Meltzoff, A. N. 1995. "Understanding the Intentions of Others: Re-enactment of Intended Acts by 18-Month-Old Children." Developmental Psychology 31: 838–850.

24. McMurray, B. 2007. "Defusing the Childhood Vocabulary Explosion." Science 317: 631.

25. Baldwin, D. A. 1993. "Infants' Ability to Consult the Speaker for Clues to Word Reference." Journal of Child Language 20: 395–418.

26. Denham, S. A. 2019. "Emotional Competence During Childhood and Adolescence." In Handbook of Emotional Development, edited by V. LoBue, P. Pérez-Edgar, and K. Buss, 493–541. Cham, Switzerland: Springer.

27. Zeman, J., M. Cameron, and N. Price. 2019. "Sadness in Youth: Socialization, Regulation, and Adjustment." In Handbook of Emotional Development, edited by V. LoBue, P. Pérez-Edgar, and K. Buss, 227–256. Cham, Switzerland: Springer.

28. Drummond, J., E. F. Paul, W. E. Waugh, S. I. Hammond, and C. A. Brownell. 2014. "Here, There, and Everywhere: Emotion and Mental State Talk in Different Social Contexts Predicts Empathic Helping in Toddlers." Frontiers in Psychology 5: 361.

29. Piaget, J. 1947/1950. La Psychologies de L'intelligence. Translated by Malcolm Piercy and D. E. Berlyne. Oxford, England: Harcourt Brace.

30. Bergen, D., and D. Mauer. 2000. "Symbolic Play, Phonological Awareness, and Literacy Skills at Three Age Levels." In Play and Literacy in Early Childhood: Research from Multiple Perspectives, edited by K. A. Roskos and J. F. Christie, 45–62. Mahwah, NJ: Lawrence Erlbaum Associates Publishers.

31. Levy, A. K., L. Schaefer, and P. C. Phelps. 1986. "Increasing Preschool Effectiveness: Enhancing the Language Abilities of 3- and 4-Year-Old Children Through Planned Sociodramatic Play." Early Childhood Research Quarterly 1: 133–140.

32. Linsey, E. W., and M. J. Colwell. 2003. "Preschoolers' Emotional Competence: Links to Pretend and Physical Play." Child Study Journal 33: 39–53.

33. Weisberg, D. S., K. Hirsh-Pasek, and R. M. Golinkoff. 2013. "Guided Play: Where Curricular Goals Meet a Playful Pedagogy." Mind, Brain, and Education 7: 104–112.

34. Sorce, J. F., R. N. Emde, J. J. Campos, and M. D. Klinnert. 1985. "Maternal Emotional Signaling: Its Effect on the Visual Cliff Behavior of 1-Year-Olds." Developmental Psychology 21: 195–200.

35. Allan, N. P., L. E. Hume, D. M. Allan, A. L. Farrington, and C. J. Lonigan. 2014. "Relations Between Inhibitory Control and the Development of Academic Skills in Preschool and Kindergarten: A Meta-Analysis." Developmental Psychology 50: 2368–2379.

36. Duckworth, A. L., and M. E. Seligman. 2005. "Self-Discipline Outdoes IQ in Predicting Academic Performance of Adolescents." Psychological Science 16: 939–944.

37. Moffitt, T. E., L. Arseneault, D. Belsky, N. Dickson, R. J. Hancox, H. Harrington, R. Houts, R. Poulton, B. W. Roberts, S. Ross, and M. R. Sears. 2011. "A Gradient of Childhood Self-Control Predicts Health, Wealth, and Public Safety." Proceedings of the National Academy of Sciences 108: 2693–2698.

38. Galinsky, E. 2010. Mind in the Making: The Seven Essential Life Skills Every Child Needs. New York: Harper Studio.

39. Martins, E. C., A. Osório, M. Veríssimo, and C. Martins. 2016. "Emotion Understanding in Preschool Children: The Role of Executive Functions." International Journal of Behavioral Development 40(1): 1–10.

40. Mustich, E. September 13, 2013. "Cookie Monster Learns to Self-Regulate So Kids Can Too." Huffington Post. https://www.huffpost.com/entry/cookie-monster-self-regulation-sesame-street-rosemarie-truglio_n_3910334.

41. Mischel, W. 2014. The Marshmallow Test: Understanding Self-Control and How to Master It. New York: Random House.

42. Mischel, W., E. B. Ebbesen, and A. R. Zeiss. 1972. "Cognitive and Attentional Mechanisms in Delay of Gratification." Journal of Personality and Social Psychology 21: 204–218.

43. Shoda, Y., W. Mischel, and P. K. Peake. 1990. "Predicting Adolescent Cognitive and Self-Regulatory Competencies from Preschool Delay of Gratification: Identifying Diagnostic Conditions." Developmental Psychology 26: 978–986.

44. Ibid.

45. 《정신의 도구》, 엘레나 보드로바, 데보라 리옹, 박은혜, 신은수 옮김, 이화여자대학교출판부, 2010

46. Blair, C., and C. C. Raver. 2014. "Closing the Achievement Gap Through Modification of Neurocognitive and Neuroendocrine Function: Results from a Cluster Randomized Controlled Trial of an Innovative Approach to the Education of Children in Kindergarten." PloS One 9(11): e112393.

47. Diamond, A., C. Lee, P. Senften, A. Lam, and D. Abbott. 2019. "Randomized Control Trial of Tools of the Mind: Marked Benefits to Kindergarten Children and Their Teachers." PloS One 14(9): e0222447.

48. Fivush, R., and N. R. Hammond. 1990. "Autobiographical Memory Across the Preschool Years: Toward Reconceptualizing Childhood Amnesia." In Knowing and Remembering in Young Children, edited by R. Fivush and J. A. Hudson, 223–248. New York: Cambridge University Press.

49. Nelson, K. 1992. "Emergence of Autobiographical Memory at Age 4." Human Development 35: 172–177.

50. Perner, J., and T. Ruffman. 1995. "Episodic Memory and Autonoetic Consciousness: Developmental Evidence and a Theory of Childhood Amnesia." Journal of Experimental Child Psychology 59: 516–548.

51. Povinelli, D., K. R. Landau, and H. K. Perilloux. 1996. "Self-Recognition in Young Children Using Delayed Versus Live Feedback: Evidence of a Developmental Asynchrony." Child Development 67: 1540–1554.

52. Gillespie, L. 2015. "Rocking and Rolling—It Takes Two: The Role of Co-

Regulation in Building Self-Regulation Skills." Young Children 70: 94–96.

53. Vygotsky, L. S. 1978. Mind in Society: The Development of Higher Mental Processes, edited by M. Cole. Cambridge, MA: Harvard University Press. (Original work published 1930–1935.)

54. John-Steiner, V., and H. Mahn. 1996. "Sociocultural Approaches to Learning and Development: A Vygotskian Framework." Educational Psychologist 31: 191–206.

55. Bronfenbrenner, U., and P. Morris. 1998. "The Ecology of Developmental Processes." In Handbook of Child Psychology (vol. 1), edited by W. Damon. 5th ed. (New York: Wiley), 993–1028.

56. Goleman, D., and P. Senge. 2014. The Triple Focus: A New Approach to Education. Florence, MA: More Than Sound.

57. Armstrong, K. 2011. Twelve Steps to a Compassionate Life. New York: Alfred A Knopf.

58. Singer, T., and O. M. Klimecki. 2014. "Empathy and Compassion." Current Biology 24: 875–878.

59. Ibid.

60. Leiberg, S., O. Klimecki, and T. Singer. 2011. "Short-Term Compassion Training Increases Prosocial Behavior in a Newly Developed Prosocial Game." PloS One 6(3): e17798.

61. Weng, H. Y., A. S. Fox, A. J. Shackman, D. E. Stodola, J. Z. Caldwell, M. C. Olson ... and R. J. Davidson. 2013. "Compassion Training Alters Altruism and Neural Responses to Suffering." Psychological Science 24: 1171–1180.

62. Baumrind, D. 1967. "Child Care Practices Anteceding Three Patterns of Preschool Behavior." Genetic Psychology Monographs 75: 43–88.

63. Maccoby, E., and J. Martin. 1983. "Socialization in the Context of the Family: Parent-Child Interaction." In Handbook of Child Psychology (vol. 4), edited by P. H. Mussen and E. M. Hetherington, 1–101. New York: Wiley.

64. Hamlin, J. K., and K. Wynn. 2011. "Young Infants Prefer Prosocial to Antisocial

Others." Cognitive Development 26: 30-39.

65. Goleman, D., and R. J. Davidson. 2017. Altered Traits: Science Reveals How Meditation Changes Your Mind, Brain, and Body. New York: Penguin.

66. Schonert-Reichl, K. A., E. Oberle, M. S. Lawlor, D. Abbott, K. Thomson, T. F. Oberlander, and A. Diamond. 2015. "Enhancing Cognitive and Social-Emotional Development Through a Simple-to-Administer Mindfulness-Based School Program for Elementary School Children: A Randomized Controlled Trial." Developmental Psychology 51: 52-66.

67. Zelazo, P. D., and K. E. Lyons. 2012. "The Potential Benefits of Mindfulness Training in Early Childhood: A Developmental Social Cognitive Neuroscience Perspective." Child Development Perspectives 6: 154-160.

68. Ibid.

69. 《조셉 골드스타인의 통찰 명상》, 조셉 골드스타인, 이재석 옮김, 마음친구, 2019

70. Lin, X., W. Yang, L. Wu, L. Zhu, D. Wu, and H. Li. 2021. "Using an Inquiry-Based Science and Engineering Program to Promote Science Knowledge, Problem-Solving Skills, and Approaches to Learning in Preschool Children." Early Education and Development 32(5): 695-713.

71. Mills, C. M., C. H. Legare, M. Bills, and C. Mejias. 2010. "Preschoolers Use Questions as a Tool to Acquire Knowledge from Different Sources." Journal of Cognition and Development 11: 533-560.

72. Mills, C. M., and K. R. Sands. 2020. "Understanding Developmental and Individual Differences in the Process of Inquiry During the Preschool Years." In The Questioning Child: Insights from Psychology and Education, edited by L. P. Butler, S. Ronfard, and K. H. Corriveau, 144-163. New York: Cambridge University Press.

73. Chouinard, M. M. 2007. "Children's Questions: A Mechanism for Cognitive Development: IV. Children's Questions About Animals." Monographs of the Society for Research in Child Development 72: 58-82.

74. Jehn, K. A., and E. Mannix. 2001. "The Dynamic Nature of Conflict: A

Longitudinal Study of Intragroup Conflict and Group Performance." Academy of Management Journal 44: 238–251.

75. Brownell, C. A., S. S. Iesue, S. R. Nichols, and M. Svetlova. 2013. "Mine or Yours? Development of Sharing in Toddlers in Relation to Ownership Understanding." Child Development 84: 906–920.

76. Hay, D. F. 2006. "Yours and Mine: Toddlers' Talk About Possessions with Familiar Peers." British Journal of Developmental Psychology 24: 39–52.

77. Brownell, C. A., S. S. Iesue, S. R. Nichols, and M. Svetlova. 2013. "Mine or Yours? Development of Sharing in Toddlers in Relation to Ownership Understanding." Child Development 84: 906–920.

78. Davidson, R. J., and S. Begley. 2013. The Emotional Life of Your Brain: How Its Unique Patterns Affect the Way You Think, Feel, and Live—and How You Can Change Them. New York: Penguin.

79. Hart, S., and V. Hodson. 2002. The Compassionate Classroom: Relationship Based Teaching and Learning. Encinitas, CA: Puddle Dancer Press.

공부보다 중요한 정서 교육의 힘

영혼이 단단한 아이의 비밀 정서 지능

초판 1쇄 인쇄 2024년 1월 22일
초판 1쇄 발행 2024년 1월 29일

지은이 레이첼 카츠, 헬렌 슈웨 하다니
옮긴이 정윤희

대표 장선희   **총괄** 이영철
책임편집 한이슬   **기획편집** 현미나, 정시아, 오향림
책임디자인 김효숙   **디자인** 최아영
마케팅 최의범, 임지윤, 김현진, 이동희
경영관리 전선애

펴낸곳 서사원   **출판등록** 제2023-000199호
주소 서울시 마포구 성암로 330 DMC첨단산업센터 713호
전화 02-898-8778   **팩스** 02-6008-1673
이메일 cr@seosawon.com
네이버 포스트 post.naver.com/seosawon
페이스북 www.facebook.com/seosawon
인스타그램 www.instagram.com/seosawon

ⓒ 레이첼 카츠, 헬렌 슈웨 하다니, 2024

ISBN 979-11-6822-256-4   03590

서사원은 독자 여러분의 책에 관한 아이디어와 원고 투고를 설레는 마음으로 기다리고 있습니다.
책으로 엮기를 원하는 아이디어가 있는 분은 이메일 cr@seosawon.com으로 간단한 개요와 취지,
연락처 등을 보내주세요. 고민을 멈추고 실행해보세요. 꿈이 이루어집니다.